소방귀에
세금을?

소 방귀에 세금을?

초판 1쇄	2013년 12월 3일
초판 5쇄	2021년 9월 10일
지은이	임태훈
책임 편집	황여진
마케팅	강백산, 강지연
디자인 일러스트	신병근
펴낸이	이재일
펴낸곳	토토북

주소 04034 서울시 마포구 양화로11길 18, 3층 (서교동, 원오빌딩)
전화 02-332-6255 | 팩스 02-332-6286
홈페이지 www.totobook.com | 전자우편 totobooks@hanmail.net
출판등록 2002년 5월 30일 제10-2394호
ISBN 978-89-6496-172-8 03400

- 탐은 토토북의 청소년 출판 전문 브랜드입니다.
- 이 책은 푸른디딤돌 출판사의 《소 방귀에 세금을?》의 개정판입니다.
- 이 책의 사용 연령은 14세 이상입니다.

소방귀에
숨겨진
세금?
임태훈 지음

늦가을 순천만에 들렀습니다. 갈대숲은 몽글몽글한 씨앗 뭉치가 햇살을 받아 은빛 물결을 이루고, 바람이 불 때마다 서걱대는 소리는 새 울음소리처럼 들렸습니다. 갈대숲 바닥에서는 짱뚱어와 농게 같은 갯벌 생물들이 심심치 않게 인사를 건넸습니다. 전망대에 올라보니 강물은 부드러운 S자 모양을 그리며 바다로 흘러들고, 추수가 끝난 들판에는 머리가 하얗고 몸은 검은 흑두루미 떼가 먹이를 찾느라 분주했습니다. 그런데 들판 어느 곳에도 전봇대는 보이지 않습니다. 철새들이 날아다니다 전선줄에 걸려 다치지 않도록 전봇대를 모두 뽑아냈답니다. 추수가 끝난 논에는 물을 대어 철새들의 쉼터를 만들고 추수하고 남은 볏짚과 나락을 거두지 않고 그대로 둔답니다. 사람들이 생활의 불편을 기꺼이 받아들이며 자연과 함께 하려는 마음이 잘 나타난 모습입니다.

이런 상상을 해 봅니다. 하루 일과를 마친 사람들이 크고 작은 운동 경기장에서 조명을 받으며 열심히 운동하고 있습니다. 경기장에서 사용하는 모든 전기는 경기장 지붕에 설치한 태양 전지에서 얻습니다. 경기장 주변 집들도 태양 전지를 이용해 난방을 하고 전기 제품을 사용합니다. 땅 속의 열을 이용해 냉방도 하고 난방도 합니다. 경기장에 오는 자동차들은 모두 전기 자동차입니다. 소음도 없고 이산화탄소가 배출되지도 않습니다. 신문과 방송에서는 대기 중의 이산화탄소 농도가 10년째 감소하는 소식을 전합니다. 기자들은 화석 연료를 사용하지 않고 에너지를 생산하는 신기술을 개발한 국가들이 화석 연료 사용 국가들에 아무 조건 없이 기술을 전달하는 소식을 전합니다. 한동안 떠들썩했던 지구 온난화 문제는 자연 환경을 파헤치며 개발에 욕심내던 사람들이 살았던 예전 이야기가 되었습니다.

《소 방귀에 세금을?》이라는 책을 낸 지 벌써 10년 가까이 됩니다. 자연 현상의 변화를 과학적 사고를 통해 해석하고, 그 해결 방안을 합리적으로 찾아 나가길 바라면서 글을 썼습니다. 자연 현상을 탐구하고 본질을 이해하는 과정에서 인간과 사회가 가야 할 합리적인 길을 제시할 수 있다고 생각했기 때문입니다. 그래서 이 책을 읽은 학생들이 사회에 진출할 때쯤에는 우리 사회가 보다 합리성을 존중하는 사회가 되기를 바랐지요.

시간의 흐름 속에 손보아야 할 부분을 다듬어 개정판을 내게 되었습니다. 그동안 이 책을 통해 저의 소박하지만 큰 꿈을 이해하고 실천해 주신 많은 분께 사랑과 감사의 말을 드립니다.

2013년 12월

임태훈

현대 과학과 기술의 발전 속도는 우리의 감각으로 쫓아가기 힘들 정도로 빠르다. 현대 인류의 문명은 불과 수십 년 전에도 상상하지 못했다. 우리는 속도에 취했다. 과학과 기술이 인류의 모든 문제를 해결해 주리라는 착각에 빠졌다. 아마도 우리는 역사상 가장 뛰어난 능력을 가진 인류에 속할 것이다. 하지만 과학과 기술로 결코 해결할 수 없는 게 있다. 그것은 바로 기후 문제다.

마지막 빙하기를 견뎌낸 현존하는 인류는 현재의 기후에 적응하였다. 현재 기후가 그대로 유지되는 게 최상이다. 그런데 기후의 규모는 실로 막대하여 인간의 힘으로 어쩔 수 없다. 과학의 힘으로 지구의 세차 운동을 막을 수 없으며, 아무리 뛰어난 기술이 있다고 하더라도 대륙 이동에 어떠한 영향을 미칠 수 없다. 그것이 인간의 한계다. 그런데 인류는 수백만에서 수억 년에 걸쳐 형성된 탄소 연료를 단 수백 년 만에 모두 소모하면서 오히려 기후 변화에 박차를 가하고 있다.

기후 변화만큼 대립각이 큰 주제도 아마 없을 것이다. 한편에서는 막연한 두려움 속에서 근본주의적인 대응을 하고 있고, 다른 한편은 환경 위기에 대한 회의적인 시각을 퍼뜨리고 있다. 환경과 기후에 관한 많은 책이 한쪽 진영에 쏠려 있다. 물론 누구나 한 가지 입장을 선택하는 것이 옳다. 그래야 해결책도 나올 테니까.

하지만 선택에는 합리적인 근거가 있어야 한다. 그것이 과학이다. 고등학교 과학 교사인 임태훈 선생의 《소 방귀에 세금을?》은 학생들이 과제를 해결하는 모습을 그리고 있다. 어느 한쪽의 일방적인 주장을 하지 않는다. 양쪽의 이야기를 모두 친절하게 소개하고 있다. 각 주장의 합리성을 보여 준다. 한 권의 책에 이 모든 이야기를 실을 수 있다는 게 놀랍다. 오랜 교사 생활의 경험과 환경과 기후에 관한 깊은 성찰이 녹아 있는 책이다.

이정모

서대문자연사박물관장

아름다운 상상

이런 상상을 해 본다. 지구상의 모든 도시에서 버스와 구급차, 소방차를 제외하고는 어떤 자동차도 다니지 못하게 한다. 대기 오염이 그 이유이다. 여기저기서 아우성치는 소리가 들린다. 사람들의 불편을 덜어 주기 위해 집 부근에서 학교와 직장까지 운행되는 쾌적하고 시설 좋은 버스가 늘어난다. 자동차 회사에서는 대기 오염을 줄일 수 있는 신기술을 개발하는 데 온 힘을 쏟는다. 버스와 지하철을 이용해 출퇴근하는 정치가와 행정가들은 대중교통 수단을 확충하기 위해 노력한다. 도시 전체에 자전거 전용 도로가 만들어진다. 이제는 도시에서도 맑은 공기에서 숨 쉴 수 있다. 자전거 전용 도로를 따라 심어 놓은 가로수의 잎들은 푸르게 반짝이고 나뭇가지에는 새들이 앉아 지저귄다.

상상은 계속된다. 강의 오염도가 정해 놓은 기준보다 높아지면 그 강으로 물을 내보내는 모든 공장의 가동을 한 달 동안 중단시킨다. 사업가들은 폐수 오염 방지 시설에 많은 돈을 투자한다. 이제 도심을 지나는 강은 물고기를 잡고 수영을 즐기는 사람들로 북적인다. 어느 날, 농민들이 농약을 사용하지 않겠다고 결의한다. 그 대신 이전보다 사람의 노력이 더 많이 들어가기 때문에 농산물 가격을 올리겠다고 하자 사람들은 음식을 남기지 않고 알뜰히 먹는다. 논에는 개구리가 뛰어다니고 새는 메뚜기와 지렁이를 잡아먹느라 정신이 없다.

텔레비전 뉴스에 멸종된 줄 알았던 동식물이 발견되었다는 보도가 이어진다. 신문은 공해 없는 대체 에너지의 효율을 획기적으로 높인 한 과학자의 기사가 1면을 장식한다. 사람들의 표정도 눈에 띄게 밝아진다.

올바른 가치 실현을 위해

투자 비용과 이익을 계산하여 경제적으로 이해타산이 맞을 때에만 환경 보호를 외친다면 이런 상상은 결코 현실로 이룰 수 없을 것이다.

지구 온난화 문제는 지구 차원의 환경 문제이다. 그런데 현실에서는 지구 온난화에 대한 과학적 증명뿐 아니라 문제 해결 방법에 대해서도 큰 차이가 나타나고 있다. 지구 온난화 문제에 대해 합리적으로 판단하기 위해서는 먼저 자연 과학에 대한 인식의 전환이 필요하다. 자연 과학계 종사자들은 진리 탐구라는 '과정'에만 몰두할 것이 아니라 '결과'를 사회적으로 적용하는 문제에도 관여해야 하기 때문이다. 전문성이라는 이름으로 부분적이고 지엽적인 문제에만 몰두하면 전체 그림과 전망을 그려 내지 못할 수 있다. 또한, 지구 온난화 문제에 대해 합리적인 입장을 정하고 전망하기 위해서는 관련된 과학 지식을 소화하고 그 결과를 사회적으로 활용하려는 의지가 있어야 한다.

이 책은 지구 온난화는 정말로 일어나고 있는가, 일어나고 있다면 어느 정도로 심각한가, 지구 온난화 문제의 해법은 무엇인가와 관련된 다양한 쟁점을 다루고 있다. 1장에서는 학생들의 발표 수업을 통해 지구 온난화에 대한 기본적인 지식을 얻을 수 있고, 2장에서는 지구 온난화 문제에 대한 다양한 관점을 엿볼 수 있다. 3장과 4장은 학생들의 문헌 조사와 연구소 탐방 등의 탐구 활동을 통해 지구 온난화의 이론적 지식과 탐구 방법을 알아본다. 5장에서는 경제적인 관점에서 지구 온난화 문제를 살펴볼 수 있다. 6장에서는 지구 온난화에 대한 다양한 입장 차이를, 7장에서는 국제 사회에서 지구 온난화를 바라보는 다양한 시각을 확인할 수 있다. 8장에서는 학생들의 모의 총회를 통해 지구 온난화에 대한 입장을 정리한다.

한장 한장 읽어 가면서 이전과는 다른 시각으로 지구 온난화 문제를 바라보며 지적 흥분과 재미를 느끼고, 올바른 가치 실현에 대해 자신의 관점을 정리할 수 있을 것이다.

교실에서 아이들과 겸연쩍게 첫인사를 나누며 얼굴을 마주한 지 벌써

20년이 되었다. 시험과 입시 준비에 힘겨워하면서도 주변의 어려움에 따스한 눈길과 마음을 주고, 부정한 일에는 기꺼이 항거하는 아이들은 부족한 내 자신을 되돌아보고 반성하게 한다. 이 책은 아이들이 내게 베풀어 준 사랑에 대한 조그마한 답례이다.

이 책이 나오기까지 많은 사람들의 도움을 받았다. 집필을 제안하고 집필 방향에 대해 조언을 준 김태완 씨, 책 내용을 꼼꼼히 검토해 준 우지연 씨 덕분에 좀 더 매끄러운 책을 독자에게 내놓을 수 있게 되었다. 20년 동안 함께 살아오며 어느 누구보다도 든든하게 후원해 주고 조언을 아끼지 않는 아내 윤소영에게 말로 하지 못한 사랑을 이참에 부끄럽게 고백한다. 그리고 바쁜 아빠를 둔 탓에 혼자 자기 앞가림을 하는 돈규, 함께 놀아 주는 시간이 부족해도 투정부리지 않는 성규에게 자랑스러움과 미안함을 전한다.

2004년 12월

임태훈

차례

“지구는

파랗다"

러시아의 우주 비행사 유리 가가린이 1961년 4월 12일 보스토크 1

호를 타고 1시간 28분 동안 인류 최초로 대기권 밖에서 지구를 일주

하며 감탄하여 던진 말이다. 우주에서 바라본 지구는 푸른 보석처럼

반짝인다. 푸른 바다를 배경으로 극지방의 빙하가 하얗게 빛나고 거

대한 구름이 소용돌이치는 모습을 생생하게 볼 수 있다.

태양계가 처음 생겨날 때 원시 태양 주위에는 가스와 먼지가 구름처럼 모여 있었다. 시간이 지나면서 가스와 먼지들이 뭉쳐져서 '미행성'이라는 작은 덩어리들이 만들어졌는데, 이들은 서로 충돌하면서 크기가 점점 커졌다. 그리고 이런 미행성들은 약 46억 년 전에 지구라고 부를 수 있을 정도로 커졌다. 이 때의 지구를 '원시 지구'라고 하는데 그 크기는 현재 지구 크기의 절반도 되지 않았다.

미행성이 충돌할 때는 엄청난 압력과 열이 발생하기 때문에 미행성에 갇혀 있던 물과 이산화탄소가 밖으로 방출된다. 그 결과 시간이 흐르면서 원시 지구의 표면에는 수증기와 이산화탄소가 쌓이게 되어 온실 효과가 나타났다. 이런 온실 효과로 인해 지구 표면의 온도가 점점 높아져 마침내 암석이 녹기 시작했다. 펄펄 끓는 마그마가 원시 지구 전체를 덮어 붉은 마그마의 바다가 만들어졌다.

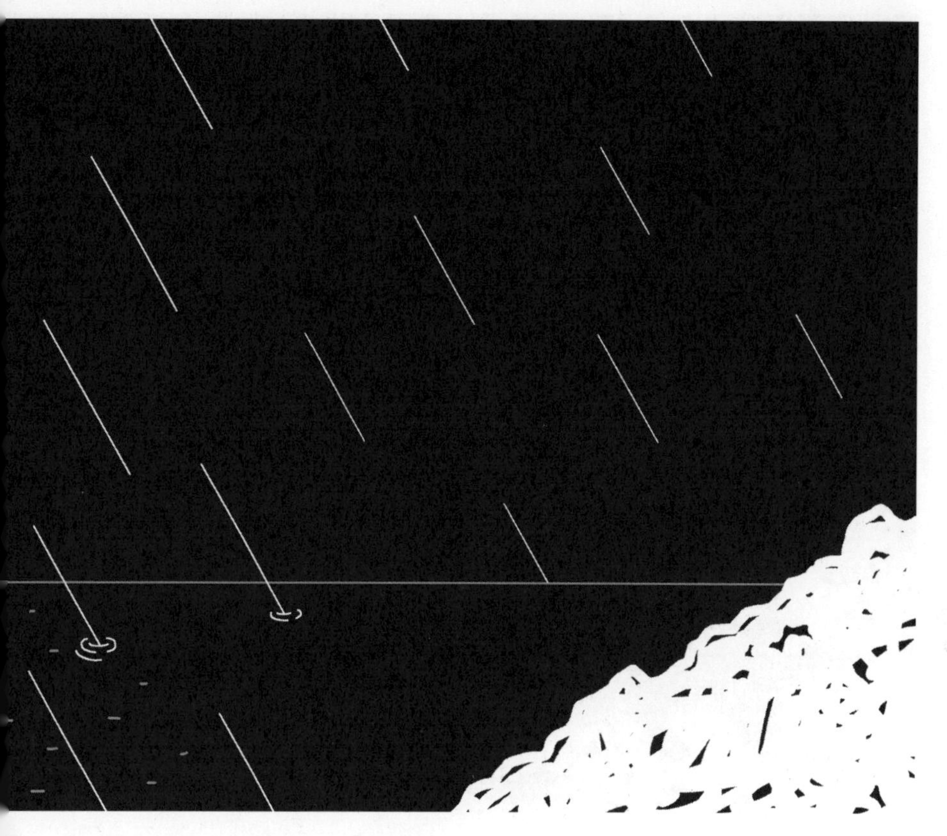

시간이 지나면서 미행성의 충돌이 잦아들고 마그마 바다는 식기 시작했다. 지표가 식어 원시 지각이 만들어진 다음 원시 지구 대기 중의 수증기가 물방울로 변하면서 두꺼운 구름이 하늘을 뒤덮고 마침내 비가 내리기 시작했다. 폭포수처럼 땅으로 쏟아진 비는 빠른 속도로 지표를 식혔다. 비가 비를 부르며 원시 지구에는 엄청난 양의 물이 고여 지구를 물의 행성이라고 부를 수 있게 한 바다가 만들어졌다.

바다에서 광합성을 하는 생명체가 탄생하면서 산소가 만들어졌다. 바다 생물체가 만든 산소는 대기로 방출되어 대기 중 산소의 양이 늘어나고 오존층이 만들어져 태양으로부터 지구로 들어오는 자외선을 흡수하였다. 이제 바다에서 태어나 진화한 생물들은 자외선의 두려움에서 벗어나 육지로 올라오게 되었다. 그리고 지구 역사를 하루로 가정할 때 자정이 되기 불과 1분 15초 전에 인류가 출현하였다.

푸른 행성 지구는 지금 큰 변화를 겪고 있다. 46억 년이라는 긴 기간을 통해 생물이 존재할 수 있도록 해 준 기막힌 지구의 균형이 불과 수십 년 동안의 인간 활동으로 깨지고 있다.

화석 연료의 다량 사용으로 대기 중 이산화탄소의 농도가 해마다 늘어나면서 나타난 '지구 온난화' 문제는 우리는 지구에서 어떤 존재이며, 무엇을 소중히 여기며 살아갈 것인가에 대해 질문을 던지고 있다.

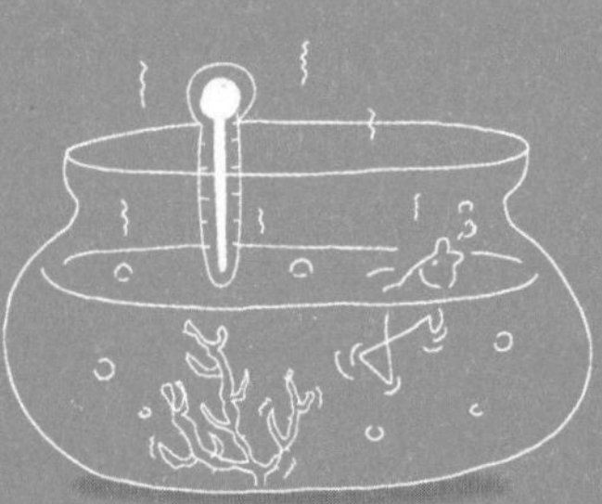

지구가 열병을 앓고 있다

시애틀 추장의 연설

1854년 미국의 피어스 대통령은 인디언 부족의 토지를 사들인 다음 이들을 인디언 보호 구역에서 생활하게 하려 했다. 수콰미쉬족 추장 시애틀은 다음과 같은 연설을 했다.

"워싱턴의 얼굴 흰 대추장이 우리의 땅을 사고 싶다고 제의했다. 우리는 땅을 사겠다는 제안을 신중하게 생각할 것이다. 하지만, 우리는 물어 볼 것이다. 얼굴 흰 추장이 사고자 하는 것이 무엇인지를.

어떻게 공기를 사고팔 수 있단 말인가? 어떻게 대지의 따뜻함을 사고판단 말인가? 신선한 공기와 반짝이며 흐르는 물을 우리가 어떻게 소유할 수 있고, 또한 소유하지 않은 것을 어떻게 사고팔 수 있단 말인가? 우리에게는

이 땅의 모든 것이 신성하다. 우리는 대지의 일부분이며 대지는 우리의 일부분이다. 들꽃은 우리의 누이이고 순록과 말과 독수리는 우리의 형제다. 강의 물결과 초원에 핀 꽃의 수액, 조랑말의 땀과 인간의 땀은 모두 하나다. 모두가 한 부족이다.

우리가 우리의 아이들에게 가르치듯이 당신도 당신의 아이들에게 가르쳐야 한다. 우리가 발 딛고 있는 이 땅은 조상들의 육신과 같은 것이라고. 그래서 대지를 존중해야 한다고. 대지가 풍요로울 때 우리의 삶도 풍요롭다는 것을, 대지는 우리의 어머니라는 것을 가르쳐야 한다. 우리는 잘 알고 있다. 대지가 인간에게 속한 것이 아니라 인간이 대지에 속해 있다는 것을.”

연못을 가득 채운 수련의 비밀

　　　　과학 수업 시간 5분 전. 교실은 학생들의 이야기 소리와 바쁜 움직임으로 소란스럽다. 조마다 수업 자료를 정리하느라 부산한 모습이다. 한 학생이 읽는 글을 주의 깊게 듣고 있는 조가 있는가 하면 머리를 맞대고 무언가를 계산하고 확인하는 조도 있다. 다른 한 무리에서는 무엇 때문인지 커다란 웃음소리가 터져 나왔다. 이때 선생님이 교실 문을 열고 들어왔다.

　"여러분, 안녕! 여러분 얼굴 표정이나 교실 분위기를 보니까 오늘 발표 수업을 열심히 준비한 것 같구나. 이 느낌, 맞는 거지? 오늘 우리가 다룰 주제는 '지구 온난화'이다. 자, 그러면 오늘도 간단한 퀴즈로 수업을 시작해 볼까?"

선생님은 아이들을 휘이 둘러보고 이야기를 시작했다.

"어떤 집의 뜰에 그리 크지는 않지만 아름다운 연못이 있었어. 연못 둘레에는 정원사가 보기 좋게 가꾸어 놓은 여러 종류의 나무와 풀이 있었지. 어느 날 아침, 나무를 다듬던 정원사는 연못의 수면 위에 수련 잎 하나가 떠 있는 것을 보았어. 그런데 다음날 아침이 되자 수련 잎이 두 개로 늘어나더니 그 다음날에는 수련 잎이 네 개로 늘어나 있는 거야. 이렇게 수련 잎의 수는 하루가 지날 때마다 전날의 두 배로 늘어났어. 그렇게 50일이 지나자 마침내 연못의 수면은 수련 잎으로 가득 차고 말았지. 자, 그렇다면 수련 잎이 연못 수면의 절반을 채운 날은 처음 수련 잎을 본 날로부터 며칠째 되는 날이었을까?"

1조의 민수가 눈을 반짝이며 자랑스럽게 대답했다.

"가득 차기 바로 전날이요."

"그래, 맞았어. 수련 잎이 매일 전날의 두 배로 늘어났으니까 수련 잎이 연못 수면의 절반을 채운 날은 49일째가 되는 날이었겠지. 자, 그럼 이것과 관련해서 두 번째 문제! 날마다 두 배로 늘어나는 수련 잎을 보던 정원사는 연못 전체가 수련 잎으로 덮이는 게 걱정되어 연못의 면적을 두 배로 넓히는 공사를 했어. 그렇다면 면적이 두 배로 넓어진 연못의 수면이 수련 잎으로 가득 차게 되는 날은 며칠째일까?"

2조의 은비가 다른 아이들보다 먼저 큰 소리로 외쳤다.

“100일째요.”

몇몇 아이들은 자신이 정답을 말하지 못한 것을 아쉬워하는 듯한 표정을 지었다.

“연못이 두 배로 넓어졌으니까 50일의 두 배가 될 거라고 생각한 모양이구나. 조금 더 차분하게 생각해 보렴.”

“아, 그렇지. 51일째요.”

은비가 얼른 답을 고쳐 말했다.

“맞았어. 두 배로 넓혔다고 하니까 연못이 굉장히 커진 것처럼 생각되지만, 수련 잎이 증가하는 속도를 생각하면 바로 그 다음날 연못이 가득 차게 되지.

물론 가상의 이야기이기는 하지만 이 이야기는 지구 환경 문제를 연구하는 과학자들이 위기 의식과 관련하여 인용하는 ‘정원사의 수수께끼’라는 얘기란다. 그런데 중요한 것은 49일째와 51일째라는 답이 아니야. 이 이야기는 지구 온난화와 같은 지구 환경 문제를 어떻게 바라보아야 하는지 다시 한 번 생각해 보게 하지. 연못의 수련 잎이 하나에서 둘로, 둘에서 넷으로 늘어났을 때 정원사는 과연 연못이 수련 잎으로 가득 차게 될 것을 걱정했을까? 정원사는 며칠이 지나서야 연못이 수련 잎으로 가득 차게 될지도 모른다는 걱정을 하게 되었을까? 이틀이나 사흘 아니면 나흘 만에 대응 방법을 찾았을 수도 있고, 49일째가 되어서야 큰일났다고 소동을 벌였을 수도 있겠지.

환경 문제를 대하는 사람들의 태도도 마찬가지야. 환경이 어느 날 갑자기 변하는 경우는 드물어. 조금씩 천천히 변하기 때문에 그 변화를 알아채지 못하기도 하고 변화를 발견했다 하더라도 위기로 받아들이지 않는 일이 많지. 바로 이 때문에 심각한 문제가 일어날 수 있어. 위기를 위기로 판단하지 못하는 상황이 더욱 큰 문제를 불러올 수 있거든. 이런! 내 이야기가 너무 길어졌구나. 지금부터는 여러분이 준비한 자료를 발표하기로 하자."

지구를 덮고 있는 얼음들

"저희 조는 지구에 있는 얼음의 분포 변화를 조사했습니다. 지금부터 약 1만 년 전 뷔름 빙기가 끝날 무렵 시베리아, 스칸디나비아 반도와 같은 북유럽과 북아메리카 대륙의 대부분은 두꺼운 빙하로 덮여 있었습니다. 당시 해수면은 현재보다 100m 이상 낮았습니다. 그로부터 1만 년 동안 대륙을 덮고 있던 얼음이 녹아 바다로 흘러들어 해수면이 현재와 같은 높이가 되었다고 합니다.

사람들은 아프리카를 뜨거운 열대 지역으로만 알고 있기 때문에 이곳에 빙하가 있다는 생각을 하지 못합니다. 그런데 적도 탄자니아 평원에 우뚝 서 있는 킬리만자로 산에는 만년설이 하얗게 덮여 있습니다. 그래서 킬리만자로 산은 아프리카 여행자에게 더욱 큰 감동을 주지요. 그런데 킬리만자로 산의 만년설이 빠른 속도로 녹고 있습니다. 지금의 속도대로 녹는다면 2020년쯤에는 만년설을 볼 수 없게 된다고 합니다.

적도 지방의 만년설만 녹는 것이 아닙니다. 많은 사람들은 알프스 산맥 하면 눈으로 뒤덮인 산과 조각이라도 한 것처럼 깎아지른 산봉우리를 떠올립니다. 높은 산봉우리 근처까지 기차를 타고 올라가 스키를 타고 내려오는 낭만을 즐길 수 있는 곳이지요. 그런데 과학자들은 알프스 산맥에 있는 만년설도 대부분 머지않아 녹을 것으로 예측하고 있습니다. 이 같은 현상은 '지구 온난화'와 밀접한 관계가 있습니다."

1조의 발표자 영호는 잠시 목을 가다듬고 다시 이야기를 시작했다.

"알프스 산맥과 같은 고산 지대의 빙하뿐 아니라 북극과 남극 지방의 빙하도 녹고 있습니다. 미국 알래스카 주 남동부에 있는 베링 빙하는 현재 길이가 182km, 넓이가 5100km²에 달합니다. 그런데 100년 전과 비교하면 길이는 10~12km, 넓이는 130km²나 줄어든 것이라고 합니다. 그리고 지난 20년 동안 녹는 속도가 점점 빨라지고 있습니다. 지역에 따라 차이가 있지만 1990년대 초 이후에는 1년 동안 길이가 1km나 줄어든 곳도 있습니다. 베링 빙하 한가운데에는 빙하가 녹아서 생긴 호수가 있는데, 이 호수에는 수천 개 빙산이 여기저

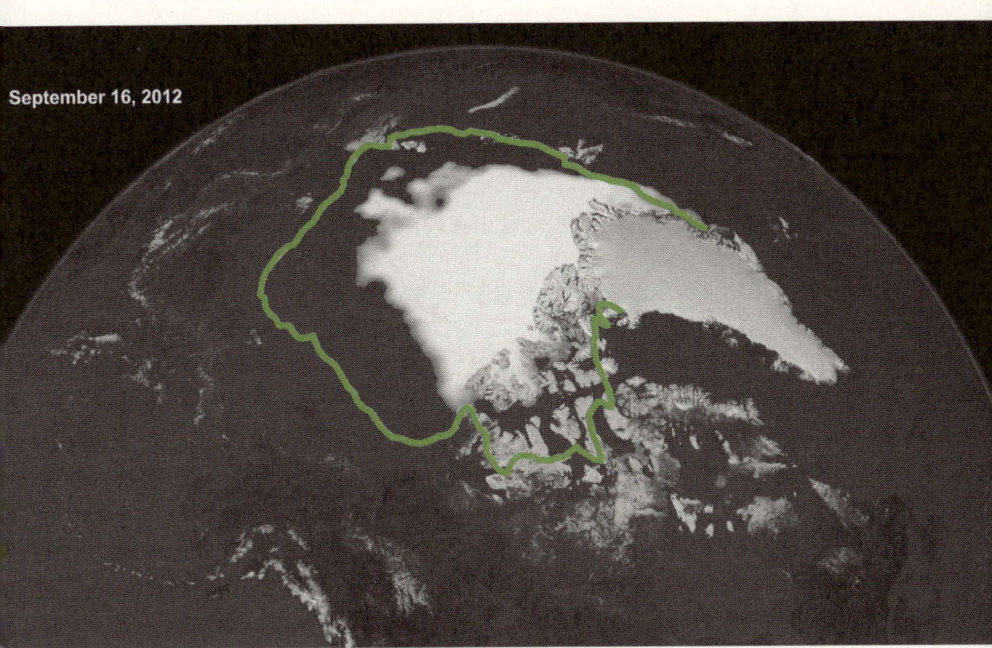

북극의 얼음 넓이 변화 녹색선 부분이 1979~2000년까지 얼음의 평균 면적이다.

기 떠다니고 있습니다.

이 사진은 미국 국립빙설자료센터(NSIDC)가 2012년 9월 발표한 자료예요. 인공위성으로 관측한 자료인데 관측을 시작한 이래 북극 얼음 넓이가 가장 작았어요. 1979~2000년 여름철 평균 얼음 넓이의 절반 수준입니다.

얼음의 넓이뿐 아니라 얼음의 두께도 얇아지고 있습니다. 미국은 인공위성과 잠수함을 이용해 얼음의 두께를 측정해 왔는데, 현재 북극해를 덮고 있는 얼음의 두께는 1970년대보다 무려 40%나 얇아졌다고 합니다.

북극의 빙하는 바다 위에 떠 있습니다. 그래서 빙하가 녹는다고 해도 해수면이 크게 높아지지는 않습니다. 물잔에 얼음을 넣고 물을 가득 채워 두면 얼음이 전부 녹아도 잔에서 물이 넘치지 않습니다. 북극의 빙하가 녹아도 해수면이 크게 높아지지 않는 것도 같은 이치입니다. 그런데 그린란드나 남극의 빙하는 다릅니다. 육지 위에 있는 빙하이기 때문이지요. 그린란드는 세계에서 가장 큰 섬인데 섬 대부분이 빙하로 덮여 있습니다. 이 섬에 있는 빙하의 양은 지구 전체 빙하의 약 8%를 차지합니다. 남극 대륙에는 지구 전체 빙하의 약 90%가 있고, 얼음의 두께는 평균 2160m 정도입니다. 이 양이 얼마나 되는지를 실감하기 위해서 우리 반의 수학 천재 경석이의 도움을 받겠습니다. 경석아!"

"남극 대륙의 표면적은 약 1400만km²입니다. 지구 전체 표면적은 '4π 곱하기 반지름의 제곱'으로 계산할 수 있는데, 지구의 반지름이 6370km이니까 계산하면 약 5억 1000만km²가 나옵니다. 즉, 남극 대륙의 표면적은 지구 표면적의 약 36분의 1이 됩니다. 따라서 지구 표면이 평평하다고 가정하고 남극의 얼음을 지구 표면에 고르게 깐다면, 지구는 약 60m 두께의 얼음으로 덮인 얼음 행성이 됩니다. 남극에 있는 얼음의 평균 두께인 2160m를 36으로 나누면 되니까요."

경석이의 발표가 끝나자 영호가 다시 교탁 앞에 섰다.

"정말 어마어마한 양의 얼음이 있다는 것을 알 수 있습니다. 이처럼 많은 양의 얼음이 녹는다면 어떠한 사태가 빚어질지 쉽게 상상할 수 있습니다. 남극 빙하 전체가 녹는 게 아니라 남극 대륙의 가장자리를 차지하고 있는 빙하가 바다에 빠져 녹는다고 해도 해수면이 빠른 속도로 높아져서 바닷가에 있는 도시와 농경지는 모두 물에 잠길 것입니다."

발표가 끝나자 아이들의 박수 소리가 터져 나왔다. 그 박수 소리 속에서 2조 발표자들이 앞으로 나와 인사를 했다.

남극 대륙 얼음으로 덮여 있는 남극 대륙의 표면적은 지구 표면적의 약 36분의 1을 차지할 정도로 크다.

산호의 수난 시대

"저희 조는 지구 온난화 때문에 생존에 위협을 받고 있는 산호 이야기를 준비했습니다. 간절한 산호의 심정을 전달하기 위해 산호가 우리에게 보내는 편지 형식으로 엮어 보았어요. 조원 모두가 함께 조사하고 공부한 내용을 가지고 의견을 나누면서 편지를 썼습니다. 낭독은 석호가 하겠습니다."

"낭독이 어색하더라도 잘 들어 주세요."

유나의 소개를 받은 석호의 얼굴이 약간 붉어졌다.

"나는 부채산호야. 생김새가 나뭇가지 같아서 어떤 사람은 나를 해초로 착각한단다. 딱딱한 내 몸 때문에 돌멩이인 줄 아는 사람도 있지. 나를 이렇게 단단하게 만드는 것은 산호충이라는 동물이야. 바다에 사는 말미잘을 본 적이 있니? 산호충도 말미잘과 같은 강장동물이야. 그런데 산호충은 말미잘처럼 따로따로 살지 않고 무리지어 살면서 바닷물에 녹아 있는 이산화탄소와 칼슘 이온을 결합해서 탄산칼슘으로 된 단단한 껍질을 만든단다. 이렇게 해서 만들어진 산호충의 단단한 겉껍질은 시간이 지나면서 점점 자라나지. 그리고 아래쪽에 있던 산호충이 죽으면 그 위에 새로 태어난 산호충이 붙어살아. 그러면 새로운 산호충에서도 단단한 겉껍질이 자라나게 되지. 이런 일이 계속 되풀이되면서 만들어진 것이 산호야. 결국, 산호는 수많은 산호충의 주검이 모인 것이라고 할 수 있는데, 엄청나게 많은 양의 이산화탄소를 고체 상태로 안전하게 보관하고 있는 이산화탄소 저장소인 셈이야. 산호가 무리지어 있는 것을 산호초라고 부르는데, 오스트레일리아의 동해안에는 띠를 두르듯 길이가 무려 2000km에 이르는 대규모 산호초가 있어. 그것을 대보초(그레이트 배리어 리프)라고 부르지. 이렇게 규모가 큰 산호초는 인도양이나 남태평양에도 있단다."

석호의 낭독이 이어졌다.

"그런데 여러분이 꼭 기억해야 할 중요한 사실이 있어. 산호충은 주변 환경에 굉장히 민감하다는 점이야. 산호충은 수심이 얕고 따뜻한 바다에서만 사는데, 바닷물은 신선하고 깨끗해야 해. 산호충은 바닷물이 오염되거나 수온이 떨어지면 살 수 없고, 수심이 갑자기 깊어져도 살지 못하지. 산호충은 이처럼 주변 환경에 아주 민감하기 때문에 옛날의 기후를 알아내는 데에도 큰 도움을 준단다. 예를 들어 여러분이 어떤 장소에서 산호를 발견했다면 아주 오래 전에는 그곳이 산호충이 살 수 있는 환경이었다는 것을 말해 주는 거야. 산호충은 수온 23~25℃, 수심 30m 정도의 깨끗하면서도 염분이 높은 바다 속에서 잘 번식하는데, 이런 조건이 변하지 않고 안정적으로 유지되어야 살아갈 수 있어.

산호초를 바다의 열대 우림이라고도 부르는데, 해양 생물종의 약 4

대보초(그레이트 배리어 리프) 오스트레일리아에 대규모로 펼쳐진 산호초 지대의 전경과 수면 아래 다양한 모양의 산호초.

분의 1이 산호초 속에 살고 있기 때문이야. 그런데 세계 곳곳에서 산호들이 사라지고 있고, 산호가 사라지면서 산호초도 점점 줄어들고 있어. 산호초가 줄어들면 단지 풍부한 어장만 잃는 것이 아니야. 인도양이나 태평양에 있는 산호초로 이루어진 섬들에서는 산호초가 파도를 막아 주는 역할을 하는데, 산호가 사라지면 어떻게 되겠어? 섬 안으로 밀려오는 바닷물을 막을 수가 없기 때문에 바닷가에 있는 지역은 큰 피해를 입을 수밖에 없어.

산호가 하얗게 변하면서 죽는 현상을 '백화 현상'이라고 하는데, 바닷물의 온도가 평소보다 1~2℃ 정도 높아지면 이 현상이 일어나. 우리 산호의 수난은 결국 지구 온난화의 결과라고 할 수 있지. 산호의 생존을 위해 여러분이 더욱 많은 관심을 가져 줘."

석호가 낭독을 끝내자 2조 조원들은 환호성을 지르며 석호를 맞이했다. 3조 발표자인 슬기가 교탁 앞에 섰다.

열병을 앓고 있는 지구

"저희 조는 환자를 진료하는 의사의 입장에서 지구의 온난화 현상을 점검했습니다. 의사들은 환자의 체온을 재는 데 체온계를 사용하고 호흡 상태를 측정하는 데 청진기를 이용합니다.

이런 것들 대신 지구의 온도는 인공위성에 달린 측정기로, 대기 상태는 여러 관측소에 있는 탄산가스 측정기로 알아냅니다.

지금까지의 지구 진료 기록을 보면 현재 지구는 심한 열병을 앓고 있다고 할 수 있습니다. 지구의 현재 기온은 100여 년 간 세계 기상을 관측한 이래 가장 높은 온도를 나타내고 있습니다. 대륙과 해양의 평균 기온은 지난 100년 동안 약 0.55℃ 상승했습니다.

영국과 미국의 합동 연구팀은 지난 2000년 동안의 지구 기온을 알아내기 위해 세계 곳곳에서 수집한 수백 년 또는 수천 년 된 나무의 나이테와 그린란드, 남극 빙하에서 채취한 얼음을 조사했습니다. 또, 기온을 알아내는 지표로 산호와 역사적 기록 등을 이용했습니다. 과학자들은 이런 기온 지표를 이용해 지난 기간의 평균 기온을 계산했

세계 평균 기온 추이

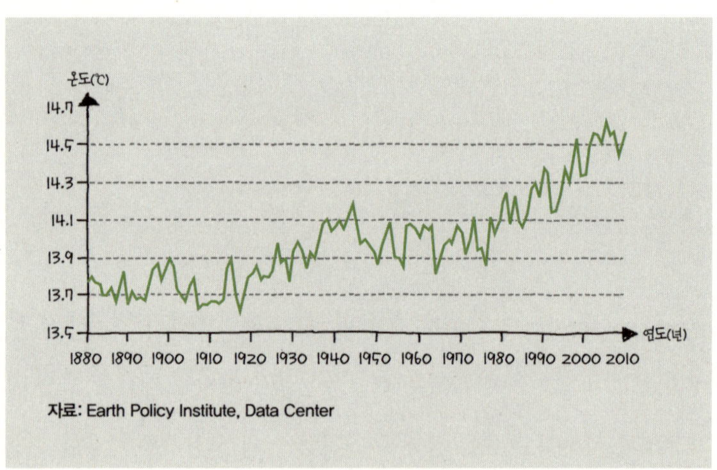

자료: Earth Policy Institute, Data Center

습니다. 그 결과, 현재 기온이 지난 2000년 중에서 가장 높다는 진단을 내렸습니다.

과학자들은 태양의 밝기, 화산 활동, 대기 중의 이산화탄소 방출량 등 기후에 영향을 주는 요인들의 변화와 기온 변화의 관계도 연구했습니다. 과거에는 태양의 밝기와 화산 활동이 주요한 기후 변화 요인이었지만, 최근 수십 년 동안의 기후 변화에 가장 큰 영향을 미친 요인은 이산화탄소라는 것을 밝혀냈습니다.

기후 변화는 과거에도 있었고, 지구의 온도가 지금보다 더 높았던 적도 있었습니다. 그런데 현재의 지구 온난화가 문제시되는 이유는 그 원인이 인간에게 있기 때문입니다. 인간은 지구의 온도를 떨어뜨리는 역할을 하는 삼림 생태계를 파괴하고 지구 열병의 주범인 이산화탄소를 마구 방출하고 있습니다.”

슬기는 의사가 환자에게 말하듯이 진지하게 말했다.

“엘니뇨는 페루와 칠레 해안 가까이 있는 바닷물의 온난화 현상을 가리키는 말입니다. 이 지역의 바닷물은 12월 크리스마스 시기가 되면 따뜻해지지요. 이 따뜻한 바닷물은 보통 몇 달 안에 사라지는데, 때로는 1년 내내 유지되는 경우도 있습니다. 페루 어부들은 이를 엘니뇨라고 부릅니다. 엘니뇨는 스페인 어로 ‘어린 소년’ 또는 ‘아기 예수’를 뜻하지요. 따뜻한 바닷물에는 찬 바닷물에 비해 물고기의 먹이가 풍부하지 않습니다. 이 때문에 엘니뇨가 발생하면 이곳에 살고 있는 멸치 종류인 엔초비의 먹이가 줄어서 엔초비가 많이 줄어듭니다. 이때 큰 피해를 보는 것은 어부만이 아닙니다. 엔초비를 먹고 사는 가마우지나 펠리컨 같은 새들이 먹이 부족으로 떼죽음을 당하기도 합니다.

엘니뇨는 이런 생태 환경뿐 아니라 기후에도 영향을 줍니다. 엘니뇨 현상이 일어나면 페루 연안에는 집중 호우가 내리고, 태평양 건너 반대편에 있는 오스트레일리아와 인도네시아에는 가뭄이 옵니다. 최근에는 이러한 엘니뇨 현상이 이전보다 자주 나타나고 더 강해지고 있습니다. 바닷물의 온도가 더 광범하게 상승하면 전 지구상에 폭설과 한파, 홍수와 가뭄 같은 이상 기상 현상이 자주 일어날 것이라고 걱정하는 사람이 많습니다. 과학자들은 지구 온난화가 엘니뇨에 어떤 영향을 주는지를 구체적으로 연구하고 있습니다."

과학과 철학

조별 발표가 모두 끝나자 선생님이 말했다.

"발표 준비를 열심히 했구나. 발표 형식도 다양하고, 무엇보다도 조원들 모두 서로 도와 가며 적극적으로 활동한 점이 눈에 띄어 흐뭇하다. 지구 온난화와 같은 환경 문제는 한 번 부풀었다가 금세 꺼지는 유행처럼 다루어져서는 안 된다고 생각해. 인간을 비롯한 지구상의 모든 생명체를 보호하겠다는 든든한 철학이 밑받침되어야 하지. 여러분 모두 과학자가 될 건 아니지만 과학을 공부해야 하는 이유도 여기에 있다고 생각해. 든든한 철학은 탄탄한 과학 지식이 없이는 생길 수 없으니까.

수업 시작하면서 선생님이 말한 정원사 이야기를 통해 우리가 얻을 수 있는 중요한 교훈은 연못을 넓히는 일이 문제 해결에 전혀 도움이 되지 않는다는 점이야. 정원사가 연못의 넓이를 두 배로 늘리려면 우선 땅이 있어야 하고, 그 다음에는 공사비를 들여야 되잖아. 그런 노력의 결과로 얻을 수 있는 거라고는 고작 하루의 시간뿐이야. 그런데 환경 문제는 연못의 면적을 늘리는 것처럼 공간을 늘려 해결할 수도 없어. 지구는 하나뿐이니까 말이야.

여러분의 발표를 듣고 나니, 지구 온난화에 대해 더욱 구체적으로 알아보는 것이 좋겠다는 생각이 드는구나. 조별로 탐구 활동을 계획하여 조사한 다음 모의 총회 형식으로 진행하는 것이 어떨까? 조별로 활동하면서 '함께하는 즐거움'을 잊지 말기 바란다. 다른 구체적인 일들은 여러분이 알아서 잘할 수 있으리라 믿어!"

슬기네 반 아이들은 모두 힘차게 손뼉을 쳤다.

큰일났다! 기후가 이상해지고 있다

2

워터 월드와 투발루

영화 '워터 월드(Water World)'는 지구 온난화로 극지방의 빙하가 녹아 물로 뒤

덮인 세상을 그리고 있다. 아가미가 달린 돌연변이 인간으로 태어난 주인공

은 물속과 물 밖을 넘나들며 자유롭게 활동한다. 마른 흙 한 줌 존재하지 않

는 워터 월드에서 살아남은 사람들은 인공 섬을 만들어 바다 위를 표류한다.

그들은 새로운 개척지를 향해 이 세상 어딘가에 남아 있는 마지막 육지인

드라이 랜드(Dry Land)를 찾아 나선다. 만약 이러한 '워터 월드'가 현실로 나

타난다면 어떨까? 자신이 발 딛고 있는 땅이 바닷물 속에 잠긴다면 말이다.

실제로, 나라 전체가 바닷물 속으로 가라앉을 운명에 처한 국가가 있다. 남

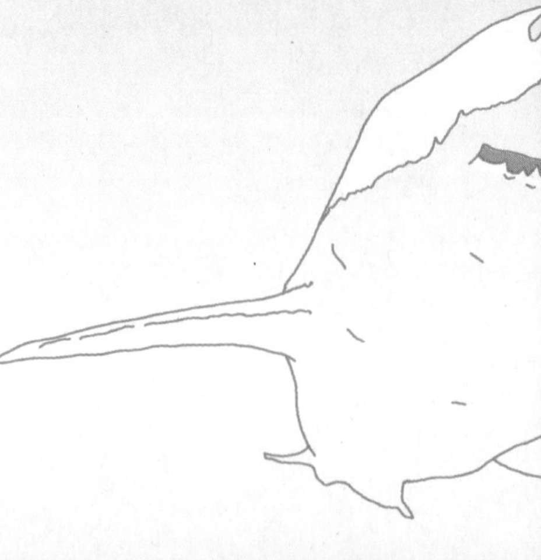

태평양에 있는 투발루가 그 주인공이다. 투발루는 아홉 개의 산호섬으로 이루어진 작은 나라로, 섬들의 평균 해발 고도는 약 3m이다.

2001년, 기후 변화에 관한 정부간 협의체(IPCC)에서 해수면이 2100년까지 최대 88cm 상승할 거라고 예측하자, 투발루 정부는 국토가 물에 잠길 것에 대비해 2002년부터 1년에 75명씩 국민들을 뉴질랜드로 이주시키기로 결정했다. 또 투발루는 해수면 상승으로 같은 운명에 처할 위기에 있는 남태평양의 키리바시, 인도양의 몰디브와 함께 지구 온난화를 일으키는 국가들을 대상으로 온실 기체 배출량을 줄일 것을 호소하고 있다.

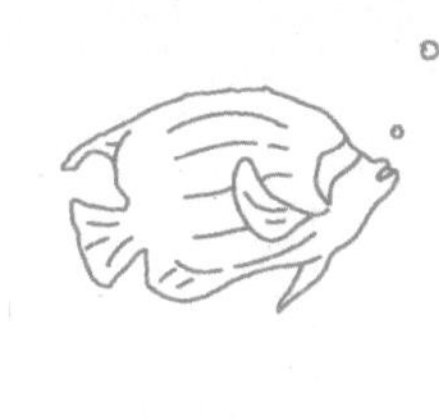

가라앉는 지상 낙원

한 신문사의 편집 회의실. 슬기 아버지인 임현석 기자가 회의에 참석하고 있다.

"자, 여러분. 과학 특집 '지구 기후 변화'에 대한 회의를 시작합시다. 먼저 투발루 현지 상황부터 확인합시다."

편집장이 말문을 열자, 김 기자는 자리에서 일어나 회의실에 마련된 스크린 앞으로 걸어 나갔다. 스크린에 투발루 현지 모습이 비쳤다.

"취재를 위해 피지에서 경비행기를 타고 투발루의 수도인 푸나푸티 섬으로 향했습니다. 투발루는 날짜 변경선 부근에 있기 때문에 어느 나라보다도 먼저 태양이 뜨는 것을 볼 수 있습니다. 그런데 머지 않은 미래에는 이곳에서 뜨는 태양을 맞이할 수 없을지도 모릅니다.

우리나라에 부는 태풍과 같은 사이클론과 밀려드는 바닷물은 투발루 주민들에게는 공포의 대상입니다. 1997년에는 사이클론의 영향으로 북쪽에 있던 작은 섬 푸사카빌리빌리가 바다 밑으로 사라졌습니다. 투발루는 원래 사이클론의 피해를 많이 입는 나라가 아니었습니다. 1890년부터 1990년까지 100여 년 동안 단 두 번 사이클론이 지나갔을 뿐이니까요. 그런데 1990년 이후 10여 년 동안에는 모두 일곱 번의 사이클론이 투발루에 큰 피해를 입혔습니다. 여름철에는 바람과 조수의 영향으로 해수면의 높이가 투발루의 평균 해발 고도를 넘어 매달 2~3일씩 섬이 침수되곤 합니다. 또 바닷물이 지표면 아래 1~2m까지 스며 올라와 있기 때문에 땅에 식물을 재배하지 못하고 채소를 깡통에 따로 키워야 할 정도로 황폐한 땅으로 변하고 있습니다."

"좋아. 그런 상황이면 '가라앉는 비운의 섬나라' 또는 '비운의 지상 낙원' 같은 제목으로 충분히 기사화할 수 있겠네. 얼마 전에 우리나라에 큰 피해를 준 태풍과 연관 지어서 전체 특집 방향을 꾸리면 좋겠군."

편집장이 긍정적인 반응을 보이자 김 기자는 계속 말을 이었다.

"지상 낙원 하면 생각나는 곳이 또 있습니다. 인도양에 있는 몰디브인데, 투발루와 비슷한 운명에 처한 국가입니다. 몰디브는 1200여 개의 산호섬으로 이루어져 있으며, 이탈리아 상인 마르코 폴로가 일찍이 그 아름다움에 반해 '인도양의 꽃'이라고 불렀던 곳이지요.

몰디브는 섬들의 해발 고도가 평균 2m에 지나지 않습니다. 섬 둘레를 산호초가 에워싸고 있어서 열대어를 마음껏 구경할 수 있고, 야자수가 해변을 따라 그림처럼 늘어서 있는 풍경을 보면 '이런 곳이 지상 낙원이구나.' 하는 생각이 절로 듭니다. 그런데 이 아름다운 몰디브도 언제 바다 밑으로 사라질지 알 수 없습니다. 그들의 운명이 다른 나라의 손에 달려 있다는 사실이 서글프더군요. 몰디브 사람들이 할 수 있는 것이라고는 지구 온난화에 관심을 가져 달라고 전 세계에 호소하는 일밖에 없는 것처럼 보입니다."

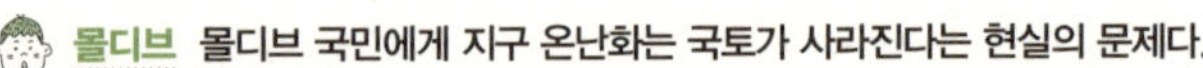
몰디브 몰디브 국민에게 지구 온난화는 국토가 사라진다는 현실의 문제다.

지구촌의 위기인가 호들갑인가

편집장과 김 기자의 이야기를 듣고 있던 임현석 기자는 보도 방향을 미리 계획하고 있었던 것처럼 말하는 두 사람의 태도가 마음에 들지 않았다.

'몇몇 특이한 기상 현상으로 기후 전체를 해석할 수는 없어. 기후를 알아보려면 30년 동안의 측정 결과를 토대로 평균적인 기상 상황을 분석해야 해. 그 안에는 평균적으로 일어나는 기상 현상과 예외적인 기상 현상이 모두 포함되잖아. 1년 혹은 기껏해야 몇 년 사이에 일어난 태풍이나 가뭄, 홍수 등과 같은 기상 현상을 늘어놓고 그런 기상 이변이 기후가 변하고 있다는 증거인 양 호들갑 떠는 것은 기자가 가져야 할 올바른 태도가 아니야.'

하지만, 임 기자는 편집장의 말에 즉각 반박하지 못했다. 지구 온난화에 대한 자신의 입장을 아직 확실하게 정리하지 못했기 때문이다.

편집장이 손에 들고 있던 자료를 보며 말을 이었다.

"이 자료는 미국과 영국의 신문 기사 내용이야. '지구촌 건강 위기'라는 제목으로 지구 온난화와 기상 이변의 영향으로 생긴 여러 가지 전염병과 질병을 다루고 있어. 기후 변화와 질병의 관계를 비교하면서, 특히 지구 온난화가 계속되는 과정에서 엘니뇨 현상이 일어났던 1998년에는 세계 곳곳에서 콜레라, 말라리아, 이질, 뎅기열, 뇌염 등의 전염병이 크게 번졌다고 보도했더군. 그 당시 인도네시아에서는 열대성 전염병인 뎅기열(고열과 오한, 심한 근육통에 출혈까지 일으킨다.)로 수백 명이 목숨을 잃었다는 거야."

편집장은 자료를 책상 위에 내려놓으며 기자들을 둘러보았다.

"지구 온난화로 모기와 들쥐 등의 서식 환경이 좋아지면서 이들이 옮기는 전염병이 크게 늘어나고 있고, 홍수와 가뭄이 빈번하게 일어나는 지역에서는 각종 전염병과 일사병이 사람들을 괴롭히고 있다는 내용을 현지 취재를 통해 현장감을 살려 보도하면 좋을 것 같군. 그리고 기상 이변으로 사람의 면역 체계가 약해지는 것도 질병의 피해를 더욱 심하게 하는 원인이 된다는 세계 보건 기구 담당자와의 인터뷰 내용도 첨가해서 독자의 신뢰를 얻는 것도 좋을 것 같아. 우리에게 필요한 특집 내용이 바로 이런 것 아니겠어? 지구 온난화가 일상생활에 미치는 영향을 함께 다룰 수도 있고 말이야."

편집장의 말이 끝나자 최 기자가 나섰다.

"저는 이번 과학 특집 기사를 작성하기 전에 먼저 편집부의 의견 조정이 필요하다고 생각합니다. 지구 온난화 문제는 일회적이고 즉흥적인 방식으로 기사화해서는 안 되기 때문이죠. 홍수나 태풍 같은 기상 이변이 발생할 때마다 독자의 시선을 기후로 돌릴 수 있는 기사 작성을 당연하게 생각하는데, 이런 기사를 쓰려면 좀더 객관적인 확인이 필요하다고 생각해요. 얼마 전에는 이런 일도 있었어요. 북극해의 얼음이 녹고 있다는 학계의 보고가 있자 곧바로 '북극곰이 멸종 위기에 있다'고 목청을 높이는 사람들이 등장한 거예요. 불쌍한 북극 곰을 생각하자는 것일 수도 있겠지만, 저는 이처럼 사람들의 감정을 자극해서 지구 온난화 문제를 객관적으로 바라보지 못하게 하는 일 은 옳지 않다고 생각하거든요."

"음……, 그렇게 생각할 수도 있겠지. 계속 말해 보게."

편집장이 말했다.

"많은 사람들이 대기 중의 이산화탄소 양이 증가함에 따라 지구 온 도가 상승하고 있다고 말합니다. 그리고는 지구의 재앙을 막기 위해 서는 이산화탄소 발생량을 획기적으로 줄여야 한다고 주장하죠. 그 런데 저는 이런 주장을 밑받침하는 과학적 근거가 충분하지 않다고 봅니다. 지금 대기 중 이산화탄소 양은 약 100년 전에 비해 훨씬 많 아졌고, 또 이전에는 없었던 염화플루오린화탄소(CFCs)라는 물질이 대기 중에 존재한다는 것도 사실입니다. 그렇지만 지난 100년 간 지 구 온도는 고작 0.5℃ 정도 상승했을 뿐이고, 그 추세도 일정하지 않 습니다. 예컨대 1970년대는 세계적으로 매우 추운 시기였는데, 이때 과학자들은 또 다른 빙하기가 시작될 것이라고 예측하기도 했습니 다. 결국 현재의 기온 상승은 지구가 그동안 겪어 왔던 것과 다름없 는 자연적인 현상이거나 아니면 조그만 변화에 불과할 수도 있죠."

"과학자들의 예측은 연구 기관에 따라 결과가 달라지기도 해요."

최 기자가 말을 끝내자마자 손 기자가 말했다.

"과학자들은 지구 온난화에 따른 피해를 이론적으로 예측하고 있어요. 이산화탄소나 다른 온실 기체(온실 효과를 일으키는 기체로, 이산화탄소, 메테인, 이산화질소, 염화플루오린화탄소 등이 있다.) 등 대기에 영향을 주는 요인들에 관한 정보를 컴퓨터에 입력하고서 어떤 일이 발생할 것인가를 예측합니다. 이때 문제가 되는 것은 서로 다른 프로그램이 입력된 컴퓨터는 서로 다른 답을 낸다는 거예요. 어떤 프로그램은 대기 중에 이산화탄소가 증가하면 더 많은 구름이 형성된다고 예측하는데, 이 구름이 태양을 가로막아 지구가 더워지는 현상을 줄일 수도 있고, 지구 온도가 상승하더라도 바다가 그 열을 흡수할 거라고 결론짓습니다. 또 다른 프로그램은 대기 중에 이산화탄소가 증가하면 지금보다 온실 효과가 더 강하게 일어나 지구의 온도가 올라갈 것이라고 예측합니다. 이렇게 어떤 프로그램을 선택하느냐에 따라 서로 다른 결론을 내리게 되는 겁니다. 아직도 대기가 어떻게 작용하는가에 대해 충분히 알지 못하기 때문에 이런 문제가 나타난다고 생각합니다.

따라서, 현재 조건에서는 과학자들도 기후에 대한 처방을 내릴 수 없다고 봐요. 슈퍼 컴퓨터로도 단 며칠 뒤의 날씨를 정확하게 못 맞히는데, 어떻게 수십 년 뒤의 기온 변화를 예측할 수 있단 말입니까? 그리고 현재 사용하는 프로그램들은 바다와 구름의 작용, 수증기의 역할, 태양의 움직임 등과 같은 중요한 변수들을 무시하고 있다고 주장하는 학자도 있어요. 입력 자료를 지나치게 단순화했다는 이야기죠. 기후에 대해서는 더 신중한 자세가 필요하다고 생각합니다. 연구 결과를 섣불리 발표하는 것은 괜한 혼란만 일으킬 뿐입니다."

과학 기술이 열어 줄 신세계 vs 자연과 하나 되기

"저는 다른 면에서 과학자들을 믿고 있습니다."

이제까지 대화를 묵묵히 듣고 있던 이 기자가 말했다.

"저는 과학 기술의 무한한 발전이 인류가 직면한 모든 문제를 해결해 줄 것이라고 확신합니다. 그래서 지구의 생태계가 파괴되어 인류가 종말을 맞게 될지도 모른다는 걱정은 조금도 하지 않습니다. 예를 들어 대기 중으로 이산화탄소를 방출하는 것이 문제가 된다면, 이산화탄소를 방출하지 않는 핵융합 기술을 개발하면 된다고 생각합니다. 바닷속의 중수소를 이용해서 핵융합 발전을 하면 수백만 년 이상 에너지를 지속적으로 공급할 수 있고 환경 오염도 거의 없습니다. 핵발전소에서 발생할지도 모를 대형 사고를 걱정하며 가슴 졸이는 일도 없겠죠. 2050년경에는 이를 실용화할 수 있다고 자신하는 과학자도 있습니다. 저는 과학과 과학자들을 신뢰합니다. 과학 기술이 새로운 세계를 열어 줄 것이라고 믿습니다."

이 기자는 잠시 주위를 둘러보고는 힘주어 말했다.

"요즈음처럼 실직하거나 취직하지 못해 거리를 헤매는 사람이 많은 때에, 이런 경제 문제에 관심을 쏟는 것이 더 중요하지 않을까요? 별로 효율성도 없이 엄청난 비용만 들어가는 환경 보전 정책보다는 경제 성장률을 높이고 실업자를 줄이는 것이 현실적으로 더 중요한 문제라고 생각합니다."

"나는 그렇게 생각하지 않아요."

신 기자가 손가락을 깍지 낀 채 조용히 말했다.

"대부분의 사람들은 지구 온난화에 대해 너무 도식적으로만 생각합니다. 여러분은 지구 온난화라는 말을 들으면 어떤 생각이 떠오르나요? 대부분 이런 내용이겠죠. 기온이 상승하면 지구는 치명적인 타격을 입을 것이다. 기온이 올라가면 바닷물이 팽창하고, 빙하가 녹아 해수면이 상승하고, 해안 도시들은 물에 잠기며 가뭄을 겪는 지역도 지금보다 훨씬 늘어날 것이다. 지구상의 많은 동식물들은 이렇게 갑자기 변한 환경에 적응하지 못해 멸종할 것이다……. 마치 한 편의 영화 시나리오를 읽은 듯한 느낌이 들지 않나요? 그러다 보니 지구 온난화를 걱정하는 사람들이 너무 호들갑을 떨고 있는 것은 아닌가, 지구 생태계 보전이라는 주장 뒤에 다른 생각이 있는 것은 아닌가 하는 의혹을 품는 사람들도 있지요."

"그렇다면 지구 온난화에 대한 신 기자의 생각은 무엇입니까?"

이 기자가 확인하듯이 질문했다.

"지구 환경 문제를 해결하기 위해서는 자연과 새로운 관계를 만들어 갈 필요가 있다고 생각해요. 지금까지 자연은 인간과 함께 있는 존재라기보다는 개발 대상이었죠. 저는 자연을 바라보는 이러한 시각을 바꾸어야 한다고 생각합니다. 예전에 읽었던 《장자》의 〈제물론〉에 나오는 '하늘과 땅이 나와 함께 살고 만물도 나와 함께 하나가 된다.'라는 말이 요즘엔 새로운 느낌으로 다가오더군요. 처음 읽었을 때는 그저 '자연 속에 묻혀 지내면 좋지.'라는 낭만적인 느낌만 가졌는데, 요즘에는 적극적인 실천 없이는 만물이 나와 하나 되는 환경을 만들 수 없다는 생각이 들어요. 부모가 자식을 각별한 책임을 지고 돌보듯이, 자연에 대해서도 그와 비슷한 책임감을 가지고 새로운 실천과 새로운 정책으로 접근해야 한다는 생각도 들고요."

우뇌의 기쁨, 좌뇌의 슬픔

"너무 추상적입니다. 조금 더 구체적으로 말해 주세요. 예를 들어 지구 온난화와 경제 성장의 관계에 대해 신 기자는 어떻게 생각하세요?"

이 기자의 질문에 신 기자는 차분하게 대답했다.

"얼마 전에 한 경제학자에게 기후 문제에 대해 질문한 적이 있습니다. 기후 변화 경향에 대해 어떻게 생각하느냐고 물었지요. 그런데 그 경제학자의 말이 예리했어요. '나의 우뇌는 경제가 다시 활력을 찾은 것을 기뻐하지만, 나의 좌뇌는 경제 활동으로 이산화탄소 배출량이 증가한 것 때문에 슬퍼한다.'라고 했거든요. 기후 문제와 경제 발전 중에서 어느 쪽을 우선할 것인가에 대한 고민을 정말 멋지게 표현하지 않았어요? 결국, 현재 상황에서는 경제가 발전하려면 이산화탄소 배출량이 늘 수밖에 없다는 이야기인데, 이 때문에 선진국과 개발도상국 사이에는 지구 온난화 해결 방안을 놓고 커다란 입장 차이가 생깁니다. 석탄, 석유 같은 화석 연료를 사용해서 이미 어느 정도 산업 기반을 다진 선진국들은 이산화탄소 방출이 적거나 없는 대체 에너지를 사용할 준비를 해 왔죠. 반면에 개발도상국은 그렇지 못한데 선진국들은 지구 온난화를 막기 위해 다 함께 온실 가스 배출을 줄이자고 요구하고 있으니까요."

편집장이 시계를 보면서 말했다.

"생각보다 점검해야 할 사항이 많군. 몇 명 안 되는 편집부에서도 이렇게 의견이 다양한데 사회 전체에서는 어떻겠어? 이 문제에 대해서는 다양한 근거와 의견을 모은 다음에 편집부 입장을 정리하기로 하지. 그때까지는 연구 기관에서 발표하는 자료를 사실 보도하는 것으로 하고. 그리고 다음주에 지구 온난화에 대한 세계 회의가 카타르

도하에서 열리는데, 임현석 기자가 취재하게나."

"알겠습니다."

임 기자는 편집장의 제안에 기뻐하며 이렇게 생각했다.

'지구 온난화 문제를 직접 체험하고 정리할 수 있는 좋은 기회야. 동료와 후배들이 온난화 문제에 대해 뚜렷한 자기 입장을 가지고 토론하는 동안 나만 토론에 참여하지 못했잖아. 그래도 오늘은 지구 온난화 문제가 단지 흥미로운 기삿거리일 뿐 아니라 삶의 문제라는 것을 절감할 수 있었어.'

정말 지구가 뜨거워지고 있는가?

3

소 트림과 지구 온난화

'소 트림 때문에 지구의 온도가 올라가고 있다.'

언뜻 이해하기 어려운 말이지만 사실이다. 소는 트림할 때 메테인을 방출하는데, 대기 중으로 배출되는 메테인 가스의 약 20%는 소의 트림에서 나온다. 메테인은 대표적인 온실 기체로 소의 트림이 지구 온난화를 야기할 수도 있다는 이야기다.

소처럼 되새김질을 하는 동물을 반추 동물이라고 하는데, 반추 동물이 먹는 풀에는 섬유질이 포함되어 있다. 사람이나 다른 동물은 섬유질을 소화하지 못하지만 소나 양, 염소, 낙타와 같은 동물은 섬유질을 거뜬히 소화한다.

그 비밀은 소화 기관인 위에 있다. 반추 동물은 여러 개의 위를 가지고 있는

데, 앞에 있는 위에서 먹이를 먼저 발효시켜 섬유질을 소화하기 쉽게 만든다. 이 과정에서 발생한 메테인은 반추 동물이 트림할 때 체외로 방출된다.

풀을 주로 먹는 저개발국의 소들은 우유 생산량 1kg당 연간 50~60g의 메테인을 발생시킨다. 이는 사료를 주로 먹는 선진국 소가 방출하는 메테인의 세 배가 넘는 양이다. 그래서 여러 나라에서는 소의 소화 능력을 증진시켜 트림을 억제하는 물질을 개발하고 있다. 인도에서는 특별한 성분의 복합 영양소를 활용하여 소의 소화 능력을 증진시키고, 메테인 발생량을 줄여 우유 생산량을 30% 정도 증가시켰다. 우리나라에서도 소의 트림을 억제할 수 있는 물질을 연구 중이다. 한 연구에 따르면, 질산나트륨과 같은 발효 조정제를 사용하여 메테인 발생량을 최고 18%까지 줄일 수 있다고 한다.

가축 방귀 세금

도서관 앞 광장. 꽃이 화사하게 피어 있는 나무 아래서 민호와 경아를 비롯한 1조 조원들이 이야기꽃을 피우고 있다.

민호가 무슨 생각이 났는지 싱글벙글 웃으면서 말했다.

"경아야, 넌 배에 차는 가스를 하루에 몇 번이나 내보내니?"

"뭐야? 너 그게 숙녀한테 할 소리니?"

얼굴이 빨개진 경아가 큰 소리로 말했다. 옆에 있던 친구들은 장난기가 발동하여 어서 대답하라고 재촉했다.

"숙녀는 트림도 안 하냐? 하고 싶은 만큼 한다. 왜?"

경아의 재치 있는 대답에 민호는 손을 내저으며 말했다.

"사실은 가축이 내뿜는 트림이나 방귀에 세금을 물린다는 소식을 들어서 그래."

경아가 놀란 표정으로 물었다.

"말도 안 돼. 트림이나 방귀는 생리 현상이잖아?"

"하하하. 농담 같지만 넓은 초원에서 소나 양을 키우는 몇몇 나라에서 실제로 일어나고 있는 일이야. 소나 양과 같은 가축의 트림과 방귀에 메테인 가스가 엄청나게 많이 들어 있다는 거야. 메테인 가스는 지구 온난화를 일으키는 대표적인 온실 기체 가운데 하나잖아? 그래서 이들 나라에서는 '가축 방귀세'를 만들려는 거지."

"아하! 지구 온난화를 일으키는 메테인 가스를 공기 중에 내보내

소의 방귀 풀을 먹는 가축은 사료를 먹는 가축에 비해 많은 양의 메테인 가스를 방출한다.

니까 세금을 내라? 그러면 앞으로는 우리도 배에 찬 가스를 내보낼 때마다 세금을 내야 할지도 모르겠네. 그러기 전에 마음 놓고 뿜어야겠다."

영호는 말을 마치자마자 뒤로 돌아서더니 힘차게 방귀를 뀌었다. 그러자 민호가 코를 움켜쥐며 말했다.

"야! 그렇다고 남의 코앞에서 뀌면 어떻게 해? 방귀 대장! 한번 맞혀 봐라. 동물 중에 메테인 가스가 들어 있지 않은 방귀를 뀌는 동물이 있는데 그 주인공은 누굴까?"

"사람 아냐?"

영호의 대답에 민호는 영호의 머리를 쥐어박았다.

"그렇다면 너는 괜히 방귀를 뀐 거네."

모두 '와' 하고 웃으며 민호의 다음 말을 기다렸다.

"캥거루야. 캥거루가 다른 동물과 똑같은 풀을 먹는데도 메테인 가스를 내보내지 않는 것은 캥거루의 위에 살고 있는 특별한 박테리아 때문이래. 오스트레일리아 과학자들은 그 수수께끼를 풀기 위해 캥거루 위 속에서 약 40종류의 박테리아를 분리해서 구체적으로 어떤 박테리아가 그런 역할을 하는지 연구하고 있어. 연구가 성공하면 그 박테리아를 다른 가축의 위 속에 넣어서 가축으로부터 발생하는 온실 기체를 줄일 수 있을지도 몰라."

"얘들아, 벌써 10시가 넘었다. 어제 메신저로 이야기해서 모두 알겠지만, 오늘 우리 조는 지구 온난화의 발생 원인에 관한 자료를 조사해서 정리해야 돼. 민호와 나는 책에 나온 자료를 조사할 테니까, 지현이와 영호는 컴퓨터로 관련 내용을 검색해 볼래?"

경아의 말이 끝나자 아이들은 다시 재잘거리며 도서관 계단을 올랐다.

지구의 기온이 15°C로 유지되는 이유

"와, 정말 많다!"

도서관에 들어온 경아는 서가에 빽빽하게 꽂혀 있는 책을 보며 조그맣게 탄성을 질렀다.

"이렇게 많은 책 중에서 우리가 원하는 자료를 어떻게 찾지?"

"먼저 컴퓨터로 검색을 해 보자. 자, 검색창에 '지구 온난화'를 쳐봐. 몇 권이나 검색되니?"

전에도 이 도서관을 이용해 본 적이 있는 민호가 여유를 부리며 말했다.

"스물다섯 권."

"그럼, 그 책들부터 먼저 찾아서 살펴보자. 책 번호 좀 불러 줄래?"

"551.5V, 575.01L, 551.476G……."

두 사람은 서가를 돌며 책을 찾아서 서고 한쪽에 마련된 책상 위에 올려놓았다. 경아는 지구 온난화가 일어나는 원인을 조사하고 민호는 온실 기체의 성질을 정리하기로 했다.

책장 넘기는 소리, 공책에 무언가를 옮겨 적는 소리만이 두 사람 사이를 메웠다. 시간이 얼마나 흘렀을까? 경아가 기지개를 켜면서 민호에게 눈짓을 했다. 민호와 경아는 정리한 자료를 들고 휴게실로 나왔다.

"민호야, 내가 정리한 것 좀 들어 봐. 지구 온난화에 대한 내용이야. '지구는 태양으로부터 에너지를 받고 있는데 태양 에너지의 30%는 구름이나 지표면에 반사되어 우주 공간으로 되돌아가고 20%는 대기에, 나머지 50%는 지표면에 흡수된다. 끊임없이 태양 에너지를 받고 있는 지구의 표면 온도가 계속 올라가지 않는 것은, 지구가 태양으로부터 받는 것과 같은 양의 에너지를 우주 공간으로 내보내고 있기 때문이다. 지구는 대기와 지표면에서 흡수한 70%의 태양 에너지를 우주 공간으로 내보낸다. 이와 같이 흡수하는 에너지의 양과 방출하는 에너지의 양이 같아서 지구의 온도가 일정하게 유지되는 현상을 '복사 평형'이라고 한다.

빛, 열, 방사선 등을 포함해서 태양이 방출하는 에너지는 모두 전자기파다. 전자기파는 파장의 길이에 따라 전파, 적외선, 가시광선, 자외선, X선, 감마선 등으로 구분하는데, 감마선 쪽으로 갈수록 파장이 점점 짧아진다. 우주에 있는 천체는 모두 전자기파 형태로 에너지를 방출하는데, 이때 천체의 표면 온도에 따라 방출하는 전자기파의 파장이 달라진다. 즉, 천체의 온도가 높을수록 방출하는 전자기파의 파장은 짧아진다.'"

"경아야, 잠깐만. 무슨 말인지 하나도 모르겠어. 쉽게 설명해 주면 좋겠는데."

"이 그림을 보면 이해하기 쉬울 거야. 천체에서 방출하는 에너지의 양과 파장 사이의 관계를 나타낸 그래프인데, '플랑크 곡선'이라고 해. 그래프에서 천체가 방출하는 에너지의 양은 곡선 아래 부분 넓이에 해당해. 온도가 높은 천체일수록 방출하는 에너지의 양이 많다는

플랑크 곡선

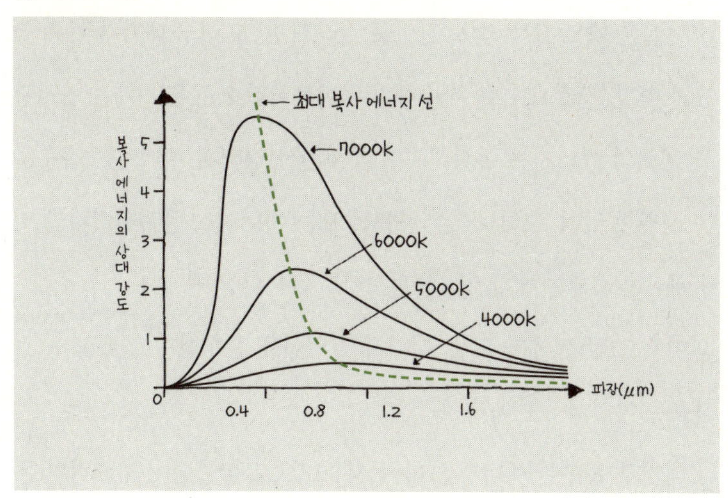

것을 알 수 있어. 또 온도가 다른 각각의 곡선에서 가장 강한 에너지를 방출하는 파장을 비교하면 온도가 높을수록 파장이 짧아진다는 것도 알 수 있지."

경아는 민호가 고개를 끄덕이는 것을 보고는 계속 말했다.

"예컨대, 태양의 표면 온도는 약 6000℃로 지구에 비해 아주 높기 때문에 태양에서 방출되는 전자기파의 대부분은 파장이 짧은 가시광선 영역에 해당한다. 이에 비해 지구는 태양보다 표면 온도가 훨씬 낮기 때문에 주로 파장이 긴 적외선 형태로 에너지를 방출한다. 지구 대기는 가시광선 영역의 전자기파는 잘 통과시키지만 적외선 영역의 전자기파는 잘 흡수한다."

"전자기파 이야기가 나오니까 너무 어려운걸. 파장도 그렇고."

민호가 미간을 찌푸리며 말했다.

"사실은 나도 그래. 다시 간단히 정리해 볼게. 지구 대기가 아주 중요한 역할을 해. 대기 속의 수증기나 이산화탄소 같은 기체는 가시광선 영역의 에너지는 통과시키지만 적외선 영역의 에너지는 흡수하는 성질이 있어. 그러니까 태양에서 오는 에너지는 통과시키지만 지구에서 방출되는 에너지는 통과시키지 않는다는 얘기지."

"이제 조금 이해가 되네. 대기가 적외선을 흡수한다고 했잖아. 그 다음은 어떻게 되는데?"

"대기가 흡수한 에너지는 다시 지표면으로 방출되어 지표면의 온

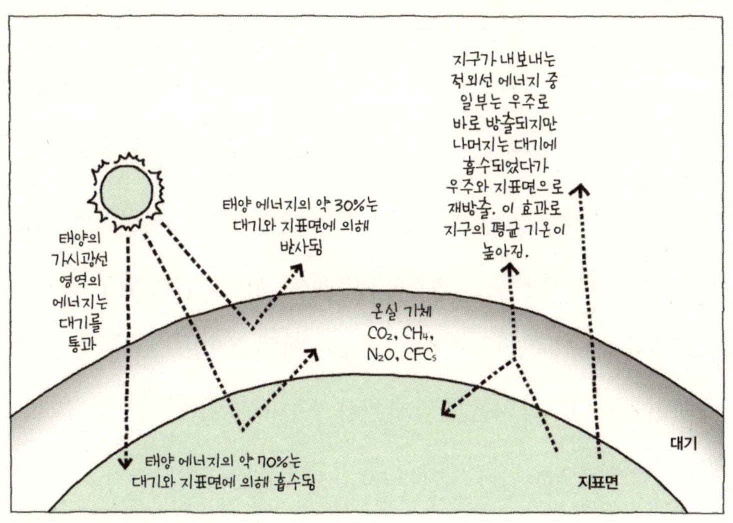

🧑 **온실 효과**

도를 높이지. 대기가 담요나 이불처럼 지구를 덮고 있다고 생각하면 이해하기가 쉬울 거야."

"그럼, 대기가 없으면 지구의 온도는 지금보다 훨씬 내려가겠네?"

"달의 온도는 영하 18℃인데 대기가 없다면 지구의 온도도 그 정도일 거야. 지구와 달은 태양에서 거의 같은 거리에 있으니까."

민호가 밝은 표정으로 말했다.

"아, 맞아. 지구에 아름다운 자연이 있고 다양한 생물이 살 수 있는 환경이 만들어진 것은 지구를 둘러싸고 있는 대기 덕분이라는 말을 들은 적이 있어."

　　　　　　"민호야, 이렇게 책을 쌓아 놓고 조사하니까 기분
이 색다르지 않니? 뭐랄까, 마치 학자가 된 것 같은 느낌이랄까, 마음
이 뿌듯해지는데 너는 어때? 도서관에서 책의 향기를 맡고 있으면
소크라테스부터 아리스토텔레스, 뉴턴, 아인슈타인, 그리고 현대 철
학자인 데리다까지 나를 반갑게 맞아 주는 거 같거든."

　경아는 턱을 약간 치켜 들고 눈을 가늘게 뜨며 말했다.

　"야, 너무 오버하지 마라."

　"이런 지적 오버는 괜찮아. 어제 과학 선생님이 영민이 손바닥 때
리실 때 영민이가 보여 준 오버에 비하면 아무것도 아니야."

　"맞아. 걔는 회초리가 손에 닿기도 전에 고래고래 소리를 질러서
오히려 선생님이 놀라시더라."

　두 사람은 잠시 수다를 떨며 키득거렸다. 경아가 물었다.

　"온실 효과를 일으키는 기체는 다 정리했니?"

　"응. 들어 볼래? '온실 기체로는 수증기, 이산화탄소, 메테인, 염화
플루오린화탄소, 오존, 산화질소가 있다. 온실 효과가 가장 큰 것은
수증기인데, 대기 중 수증기 농도는 지역마다 다르지만 지구 전체로
보면 인간의 활동과 크게 관계없이 일정하게 유지된다. 온실 효과는
대기 중 이산화탄소의 양에 따라 크게 달라지는데, 대기 중의 이산화

탄소 농도는 약 393ppm(ppm은 농도를 나타내는 단위이다. 1ppm은 100만 분의 1을 나타내므로 이산화탄소 농도 393ppm은 대기 중의 분자 100만 개 중에 이산화탄소 분자가 393개 포함되어 있음을 뜻한다.)이다. 인간이 주로 석탄, 석유와 같은 화석 연료를 태워 산업 활동을 하면서 대기 중의 이산화탄소 농도가 점점 높아지고 있다.

이산화탄소 다음으로 온실 효과가 큰 것은 메테인이다. 대기 중의 메테인 농도는 1.8ppm 정도로 이산화탄소에 비하면 아주 적은 양이다. 그렇지만 메테인 한 분자가 기여하는 온실 효과는 이산화탄소 한 분자가 기여하는 온실 효과의 20배나 된다. 메테인은 산소가 부족한 상태에서 유기물이 부패하거나 발효할 때 만들어지는데, 습지나 논, 가축의 분뇨, 퇴비 등에서 발생한다. 최근에는 알래스카나 시베리아의 툰드라 지대가 녹기 시작하면서 얼음 속에 갇혀 있던 유기물들이 부패하는 과정에서 메테인이 발생하여 새로운 문제가 되고 있다. 영구 동토가 녹으면 그 안에 포함되어 있는 엄청난 양의 메테인이 대기 중으로 방출될 위험이 있는 것이다.

일산화이질소의 대기 중 농도는 약 325ppb(대기 중의 분자 10억 개 중 일산화이질소 분자가 325개 있다는 뜻이다.)이다. 일산화이질소의 온난화 효과는 이산화탄소의 290배 정도이다. 일산화이질소는 해양, 삼림의 토양, 화석 연료, 개간지, 질소 비료를 쓰는 경작지에서 많은 양이 방출된다.

염화플루오린화탄소의 상품명인 프레온 가스는 자연계에 존재하지 않던 물질이다. 프레온 가스는 냉장고의 냉매, 스프레이, 반도체의 세정 등에 이용되었는데, 프레온 가스가 오존층을 파괴한다는 사실이 알려진 후로는 사용이 금지되었다. 그러나 한 번 방출된 프레온 가스는 약 100년 동안 대기 중에 남아 있으므로, 그 동안 방출된 프레온 가스가 온실 효과에 계속 영향을 끼치고 있다. 또한, 프레온 가스를 대체하기 위해 개발된 물질은 오존층을 파괴하지는 않지만 역시 온실 효과를 일으키는 물질이다.'"

민호는 조사한 자료를 다 읽고 나서 그 가운데 중요한 점을 추려 다시 정리했다.

"우선, 온실 효과는 기본적으로 유익한 것이다. 온실 기체는 마치 지구에 담요를 둘러놓은 것처럼 지구가 방출하는 에너지의 일부를 가두어 두는 역할을 한다. 온실 기체에는 여러 가지가 있다. 문제는 인간이 대기 중 온실 기체, 특히 이산화탄소의 양을 크게 증가시켰다는 점이다. 증가된 이산화탄소의 대부분은 석유, 석탄, 가스 등 화석 연료가 타면서 나온 것이다. 그리고 증가 원인의 약 20%는 열대 지방의 삼림 벌채 등으로 인해 식물의 광합성으로 소모되는 이산화탄소의 양이 감소하였다는 것이다. 원래는 없었는데 인간이 일으킨 추가적인 온실 효과가 문제이다."

"그렇다면 온실 효과가 나쁜 것만은 아니잖아?"

“그래, 기본적으로 온실 효과는 좋은 거야. 그 정도가 문제지.”

금성과 화성의 온실 효과

도서관 자료 검색실. 영호와 지현이가 나란히 앉아 자료를 검색하고 있다.

“영호야, 다 되어 가니? 나는 인쇄만 하면 되는데.”

지현이가 영호에게 작은 목소리로 물었다.

“응, 나도 됐어. 5분만 있다가 나가자.”

잠시 후, 영호와 지현이는 각자 검색한 자료를 가지고 자료 검색실 앞 휴게실로 나왔다.

“영호야, 얼마 전에 들은 남녀에 대한 비밀 이야기 하나 해 줄까?”

지현이의 말에 영호는 눈을 반짝이며 물었다.

“비밀? 너도 그런 이야기를 아니?”

“얘가! 너 혹시 이상한 생각하는 거 아냐? 내 얘기는 훨씬 고차원적인 거야. 남자는 아주 오랜 옛날 화성에서 살았고 여자는 금성에서 살았대.”

“그래서?”

영호는 시큰둥하게 대답했다.

"망원경으로 하늘을 관측하던 화성인이 금성인을 발견하고는 바로 금성으로 날아갔는데, 화성인과 금성인은 마법에 걸린 것처럼 서로 사랑하게 되었대. 그들은 비록 다른 세계 출신이지만 서로 이해하고 사랑하면서 평화롭게 살았지. 그러던 어느 날, 그들은 같이 지구에 가기로 마음먹고 지구로 온 거야. 그런데 그만 지구 환경 때문에 기억 상실증에 걸리고 말았어. 그 다음부터 화성에서 온 남자와 금성에서 온 여자는 자기들이 서로 다른 행성 출신이고, 그래서 서로 다를 수밖에 없다는 사실을 기억하지 못했지. 그래서 서로를 이해하지 못하고 다투기 시작했다는 거야."

금성과 화성의 온실 효과 금성과 화성의 대기 중 이산화탄소가 차지하는 비율은 95% 이상으로 비슷하지만, 금성과 화성에서의 온실 효과는 큰 차이가 나타난다.

"야! 황당한 말 좀 하지 마라. 그냥 남자와 여자가 다르다고 하면 간단한 걸 가지고."

영호는 짜증스러운 표정으로 말했다.

"그것 봐! 넌 지금 내가 말한 게 무슨 뜻인지 생각해 보려고도 하지 않잖아."

"그만두자. 도서관에 들어오기 전에는 금성과 화성의 환경을 알아보자고 하더니."

"좋아. 남녀의 차이에 대해서는 나중에 다시 이야기하기로 하고, 금성과 화성에 대해 정리하자."

"금성은 새벽에는 '샛별', 초저녁에는 '태백성'이라고 부르지. 금성이 아주 밝게 보이는 것은 금성 전체를 덮고 있는 진한 황산 구름 때문이야. 진한 황산 구름이 태양 광선을 잘 반사하기 때문에 금성이 밝게 보이는 거지. 금성의 대기압은 90기압 정도인데 지구 지표면의 대기압이 1기압이니까 지구에 비해 90배나 큰 거지. 그리고 금성의 대기는 이산화탄소가 96% 이상을 차지하고 있고, 이산화탄소에 의한 온실 효과 때문에 금성 표면의 평균 온도는 약 470℃로 매우 높아."

"화성은 붉은색으로 보이는데, 이 때문에 서양에서는 화성을 마르스(로마 신화에 나오는 전쟁의 신)라고 불러. 화성은 대기가 희박해서 기압이 지구의 0.7%에 지나지 않아. 대기 성분 중 이산화탄소가 차지하는 비율이 95% 이상이지만, 대기가 너무 희박해서 온실 효과는 크게 일어나지 않아."

"금성이나 화성에도 처음에는 바다가 있었을 것으로 추측되는데 지금은 바다가 없어. 금성과 화성에서 바다가 사라진 이유를 온실 효과로 설명할 수 있을까?"

"금성은 태양에 가까워서 태양 에너지를 많이 받아 수증기가 아주 많이 만들어지지. 그 결과 온실 효과가 더욱 크게 일어나 결국은 모든 물이 증발했어. 그리고 태양으로부터 오는 자외선에 의해 수증기가 수소와 산소 원자로 나누어지기 때문에, 수증기는 빗물이 될 수 없었어. 그리고 화성은 태양에서 멀리 떨어져 있기 때문에 화성으로 들어오는 태양 에너지가 매우 적어. 게다가 대기를 붙잡아 두는 힘이 약해서 대기가 매우 희박하지. 그 때문에 온실 효과가 거의 일어나지 않으니까 물이 모두 얼어 버렸고, 시간이 지나면서 얼음도 점점 사라졌던 거야."

"얼음도 없어지나?"

"그럼, 얼음도 느리기는 하지만 수증기로 변해."

변하는 대기

　"영호야, 이 그래프 좀 볼래? 태평양 한가운데 있는 하와이 섬에는 높이가 4000m가 넘는 마우나로아 화산이 있어. 이 산 정상 부근에 대기 관측소가 있는데, 그곳에서 이산화탄소와 같은 대기에 포함된 여러 종류의 기체를 측정하고 있어. 지구의 대기 상태를 진맥하는 곳이지.

　이 관측소에서 2012년에 측정한 이산화탄소 농도는 약 393ppm이야. 1958년부터 매년 수집한 대기에서 이산화탄소 농도를 조사했는

이산화탄소 농도 변화

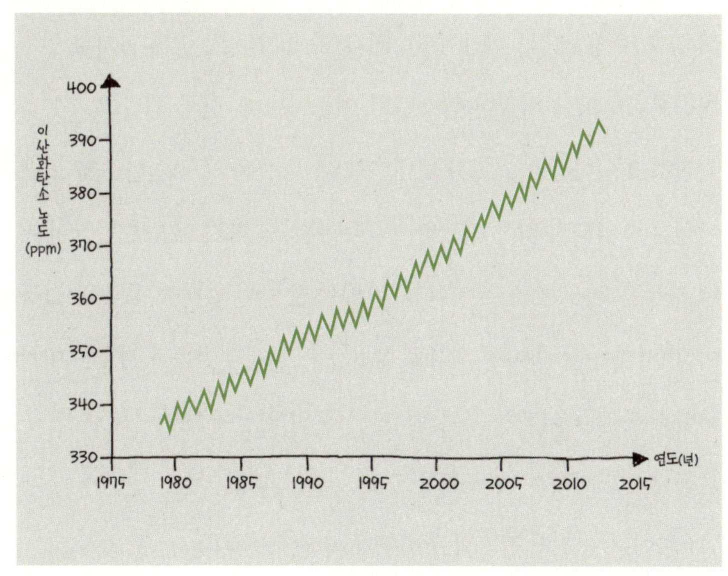

데, 그 결과 1958년에 약 315ppm이었던 이산화탄소 농도가 2012년에는 약 393ppm까지 증가했어. 이 그래프는 그 결과를 나타낸 거야. 어떤 특징이 보여?"

"음, 우선 이산화탄소 농도가 해마다 계속 증가하고 있네. 그리고 또 톱날같이 울퉁불퉁한 변화가 보이는데, 그 이유가 뭘까?"

"이산화탄소 농도가 톱날같이 들쭉날쭉 변하는 것은 계절 변화와 관계가 있어."

"아! 그래, 식물! 여름에는 식물의 광합성이 활발하니까 이산화탄소가 줄어들고 겨울에는 광합성이 줄어들어 이산화탄소가 늘어나는구나. 그래서 계절에 따라 그래프가 삐죽삐죽해지고 말이야. 전체적으로 이산화탄소 농도가 높아진 것은 화석 연료 사용량이 늘어나 대기 중으로 방출되는 이산화탄소의 양이 증가하고, 숲의 파괴로 인해 이산화탄소의 소비량이 감소했기 때문이구나. 결국 인간이 자연을 위협하고 있다는 이야기가 되네. 어떤 사람들은 지구는 아주 넓을 뿐 아니라 오염되지 않은 건강한 부분이 아직도 많기 때문에 인간이 어떤 활동을 해도 스스로 정화할 수 있는 능력이 있다고 생각해. 그들이 이 결과를 보면 어떤 생각을 할까? 아, 그리고 여름과 겨울의 이산화탄소 증감을 이해하기 위해서는 식물의 역할에 대해서도 좀 더 구체적으로 조사하는 게 좋겠어."

지현이는 영호의 적극적인 태도가 마음에 들었다.

'아까는 무뚝뚝하게 굴더니.'

"좋아. 지금까지 찾은 자료를 정리하고 있을 테니까, 네가 조사해 올래?"

지현이가 자료 정리를 거의 끝냈을 때, 식물에 관한 조사를 마친 영호가 자리로 돌아왔다.

"자, 잘 들어 봐. 식물은 광합성을 하잖아. 그런데 식물이 광합성을 할 때에는 태양의 빛에너지와 대기 중에 있는 이산화탄소, 그리고 물을 원료로 이용하거든. 그러니까 식물은 광합성 작용으로 대기 중의 이산화탄소를 대량으로 흡수해서 대기 중에 이산화탄소가 늘어나는 걸 막아 주지. 특히 1년 내내 비가 많이 오는 열대 지방에 있는 열대 우림은 '지구의 허파' 역할을 하는 아주 중요한 지역이야. 열대 우림이 차지하는 면적은 지구 전체 삼림의 3분의 1 정도인데, 식물의 양으로 보면 그보다 훨씬 많은 양이 이곳에 모여 있어. 그러니까 열대 우림의 파괴는 여러 생물의 멸종뿐 아니라 지구 온난화와도 관련이 있는 거야."

4

기후의
비밀을
알아낸다

라쿠카라차 아름다운 그 얼굴

♪ 병정들이 전진한다 이 마을 저 마을 지나 / 소꿉놀이 어린이들 뛰어와서 쳐다보며 / 싱글벙글 웃는 얼굴 병정들도 싱글벙글 / 빨래터의 아낙네도 우물가의 처녀도 / 라쿠카라차 라쿠카라차 아름다운 그 얼굴 / 라쿠카라차 라쿠카라차 희한하다 그 모습 / 라쿠카라차 라쿠카라차 달이 떠올라오면 / 라쿠카라차 라쿠카라차 그립다 그 얼굴 ♬

이 멕시코 민요의 제목은 '라쿠카라차(La cucaracha)'이다. 'cucaracha'는 스페인 어로 '바퀴벌레'라는 뜻이다. 흥겨운 멜로디와 밝은 노랫말과는 어울리지 않는 느낌이지만 바퀴벌레만큼 사람과 오랫동안 함께해 온

곤충도 드물다. 아니 정확히는 사람보다 훨씬 오래 전부터 시간의 바퀴를 굴리며 종족을 보존해 온 곤충이다.

바퀴벌레는 3억 5000만 년 전 지구에 출현해 지금까지 환경에 잘 적응하며 살아오고 있다. 공룡과 함께 살다 공룡 멸종 후에도 살아남았고 빙하기에도 종족을 번식시켰다. 바퀴벌레는 현재 약 4000종이나 된다. 뛰어난 번식력과 자기 몸의 몇 천 배 높이에서 떨어져도 끄떡없는 운동 신경, 환경 변화에 빨리 적응하는 능력, 방사능을 견디는 높은 내성 때문에 바퀴벌레는 핵전쟁이 일어나 인류를 포함한 대부분의 생물이 멸망해도 살아남을 것이라고 한다.

하루 동안의 지구 역사

기후 해양 연구소 세미나실. 석호네 조원들은 들뜬 표정으로 윤 박사의 설명을 듣고 있다.

"애들아. 이 시계를 보렴. 지질 시대를 나타내는 시계야."

"보통 시계와 달리 24시간으로 표시되어 있네요."

우영이가 대답했다.

"그래. 지구의 나이를 24시간 즉, 하루로 가정했을 때 시간대별로 어떤 일들이 일어났는가를 알아보기 위해 만든 거란다."

윤 박사는 시계 바늘을 돌리면서 말했다.

"자, 지구의 기후 변화를 알아보기 전에 먼저 시간의 흐름을 느껴 보는 것이 좋겠어. 지구 나이인 46억 년이 하루라고 가정하고 하루

동안 무대에서 벌어진 일을 상상해 보는 거야. 새벽 5시경이 되면 지구에 최초의 단세포 생물이 등장해. 그러고는 열다섯 시간이 흐르는 동안 거의 아무런 변화가 없이 침묵의 시간이 계속되지. 연극 무대 위의 조그만 소품 하나가 열다섯 시간 동안 스포트라이트를 받고 있는 상황을 생각하면 될 거야. 그러다가 오후 8시가 되면서 조그만 소리가 들리기 시작하지. 마침내 바다에 식물이 등장했거든. 그리고 다

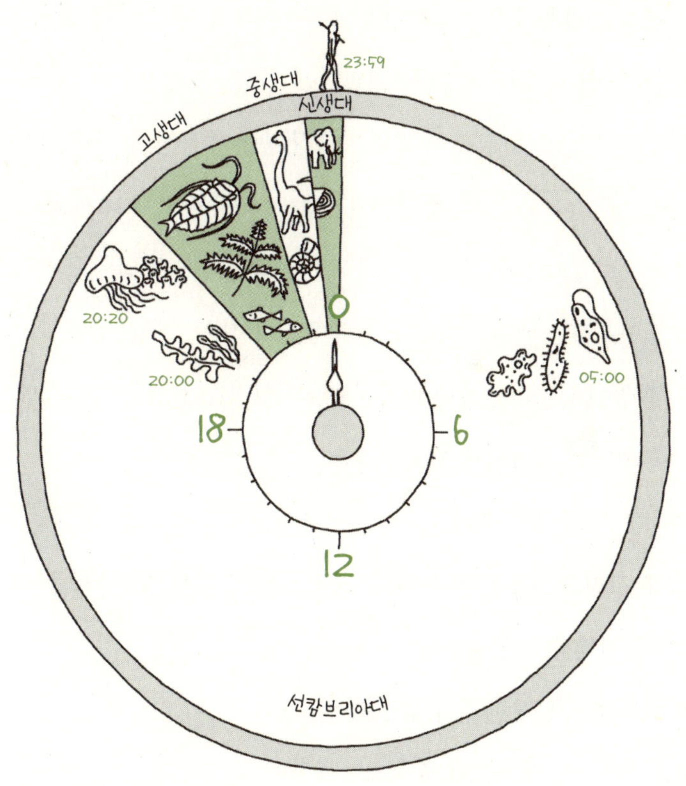

시 20여 분이 지나자 해파리, 해면 같은 다세포 동물이 나타났어. 여러분도 들어 봤을걸? 오스트레일리아의 에디아카라에서 발견된 동물이야."

"아, 에디아카라 동물군!"

은비가 눈을 반짝이며 말했다.

"그래. 그러고 나서 여러분이 잘 알고 있는 삼엽충이 바다에 헤엄치며 등장한 것은 오후 9시쯤이야. 그 다음에는 갑자기 여러 생물이 마구 등장하면서 무대가 소란스러워져. 오후 10시쯤 되자 땅 위에도 식물이 등장하고, 그 뒤를 이어 바로 육상 동물이 등장해. 이때 지구는 20분 정도 아주 따뜻하게 유지되는데, 그 덕분에 오후 10시 20분에는 거대한 숲이 나타나면서 날개 달린 곤충이 하늘로 날아오르지. 우리가 사용하는 석탄의 재료가 바로 이 숲이야. 이 숲에서 날아다니던 곤충 중에 잠자리를 닮은 메가네우라가 있었는데, 한쪽 날개 끝에서 다른쪽 날개 끝까지가 70cm쯤 되었지."

"와! 큰 새만한 잠자리네요."

"그래. 그리고 오후 11시가 다가오면 무대는 이제까지보다 훨씬 더 시끄러워진단다."

"이제 공룡이 등장할 거야. 틀림없어."

공룡 소년 우영이가 밝은 표정으로 말했다.

"맞아. 많은 공룡이 무대에 등장해서는 약 45분 정도 무대를 휩쓸고 다니지. 그러다 자정을 20분 정도 남겨 둔 시각에 갑자기 모두 사라지면서 무대는 일순간 고요해져. 그 고요 속에서 포유류가 등장하고, 마지막으로 우리 인간이 자정을 1분 15초 남겨 둔 시각에 무대에 나타나지."

고개를 끄덕거리는 아이들 속에서 잠꾸러기 미인 유나가 수줍게 말했다.

"저는 시간 개념이 없거든요. 아침 등교 시간도 그렇고, 친구와의 약속 시간도 그렇고. 몸으로 느낄 수 있는 방법은 없을까요?"

"하하. 그럼 잠깐 나와 보렴. 두 팔을 양 옆으로 쭉 펴 봐. 팔의 전체 길이를 지구 역사로 생각하면 왼손 끝에서 오른손의 손목까지가 선캄브리아기인데, 그게 아까 말한 삼엽충이 등장할 때까지의 시간이란다. 결국, 지구의 많은 생물은 네 오른손 손바닥 안에서 생겨났다고 할 수 있어. 그렇다면 인간은 어디쯤에서 출현했을까?"

"손톱깎이로 손톱을 자를 때 떨어지는 손톱 조각!"

유나가 재치 있게 대답했다.

"그래, 그쯤 되겠구나. 긴 지구의 역사에 비해 인간의 역사가 얼마나 짧은지 이젠 몸으로도 느낄 수 있겠지?"

　　　　유나가 자리에 앉는 동안, 윤 박사는 탁자에 있던 물을 한 모금 마신 후 계속 말을 이어 갔다.

"기후 변화는 대륙의 이동과 밀접한 관계가 있어. 대륙이 움직이면 육지와 바다의 위치가 달라지고 모양도 달라지지. 또, 대륙의 높이도 달라지게 돼. 이런 변화가 일어나면 바닷물의 흐름과 대기의 운동이 변하면서 기후가 바뀌게 된단다. 예컨대, 어떤 대륙이 이동하여 다른 대륙과 충돌하면 높은 산맥이 만들어지는데, 그러면 빙하가 만들어질 수 있는 면적이 이전보다 넓어져서 기후 변화가 일어날 수 있어.

대륙이 이동하면서 깊은 바닷속에도 산맥이 만들어지는데, 이런 산맥을 바닷속에 있다고 해서 '해령'이라고 해. 그런데 해령은 지구 내부에 있던 많은 열과 이산화탄소가 방출되는 곳이야. 거대한 공룡이 지구의 주인이었던 중생대는 지구 역사상 기온이 가장 높았던 시대인데, 그때의 평균 기온은 현재보다 6℃ 이상 더 높았어. 또, 해수면의 높이가 지금보다 100m 이상 더 높았기 때문에 대륙의 많은 부분이 얕은 바다에 잠겨 있었지. 따뜻한 바다에서만 살 수 있는 산호가 지금 살고 있는 곳보다 더 추운 지역에서도 살았을 정도로 따뜻했던 시대였어.

중생대의 기온이 높았던 이유는 대륙의 이동으로 설명할 수 있어.

중생대에는 대륙 이동이 아주 활발해서 화산 활동이 자주 있었고 해령이 많이 만들어졌지. 그 결과로 지구 내부에 있던 뜨거운 물질이 밖으로 나오면서 많은 양의 열을 내뿜고 이산화탄소를 방출하여 가장 따뜻한 시대를 만든 거야.”

“아, 온실 효과! 대륙의 이동 때문에도 기후가 변하는구나.”

은비가 눈을 반짝이며 조그만 소리로 말했다. 윤 박사는 학생들의 진지한 태도에 만족스러워하며 계속 말했다.

“지구 환경에 영향을 주는 변화는 대부분 아주 긴 기간에 걸쳐 일어났단다. 그런데 어떤 경우에는 아주 짧은 기간 동안 급격하게 일어나기도 해.”

“소행성 충돌!”

공룡 소년이 재빠르게 뒤를 이어 대답했다.

“그래. 여러분도 짐작하듯이 가장 대표적인 예는 혜성이나 소행성이 지구와 충돌하는 현상이야. 가장 극적인 사건은 약 6500만 년 전 백악기 말에 일어났는데, 지름이 10km 정도인 거대한 운석이 지구와 충돌했지. 충돌한 다음에는 폭발이 일어났고 그 폭발로 엄청난 열이 발생했어. 그 때문에 울창한 숲이 거의 다 타 버렸고, 폭발로 생긴 먼지가 대기 중으로 올라가 몇 달 동안 하늘을 덮어 햇빛을 차단했지. 그 다음에 어떤 일이 벌어졌는지 알 수 있겠니? 기온이 내려가면서 공룡을 비롯한 수많은 중생대 생물이 멸종했단다. 그러나 다행히

이탈리아 시칠리아 섬 동해안의 에트나 화산 폭발 화산이 폭발하면 엄청난 양의 화산재가 대기로 방출된다. 화산재는 태양빛을 막아 지구 전체의 기후에 영향을 준다.

도 인류가 출현한 다음에는 이런 일이 일어나지 않았어."

"화산이 폭발할 때에도 엄청난 먼지 구름이 만들어지지 않나요?"

턱을 괸 채 듣고 있던 은비가 조용히 질문했다.

"그래. 화산이 폭발할 때에도 많은 양의 가스와 먼지가 발생해서 햇빛을 차단하기 때문에 소행성이 충돌했을 때처럼 지표의 온도가 낮아지기도 해. 이런 화산 폭발은 인류의 역사가 시작된 다음에도 여러 번 일어났는데, 가장 규모가 컸던 것은 1815년의 인도네시아 탐

보라 화산 폭발이었어. 화산이 폭발하면서 커다란 해일이 일어나는 바람에 수십만 명이 목숨을 잃었지. 이때 하늘로 솟아오른 화산재와 먼지가 햇빛을 가려 지구의 기온이 낮아졌는데, 그 영향으로 1816년에는 여름이 없었다고 해. 6월까지 서리가 내리는 바람에 씨앗에서 싹이 트지 않아 전세계 농사가 흉작이었지. 미국 뉴잉글랜드 지방에서는 그 해를 '동사의 해'라고 불렀을 정도로 추웠어. 자, 이제 중요한 이야기를 하나 해 줄게. 뭐냐 하면, 어쩔 수 없는 자연 현상 때문에 일어난 것과는 성격이 다른 재앙에 관한 이야기란다."

신생대 대형 포유류의 멸종

아이들이 자세를 고쳐 앉느라 의자가 삐걱거리는 소리가 났다. 윤 박사가 다시 이야기를 시작했다.

"신생대의 멸종은 그전의 멸종과는 다른 특징이 있어. 바로 대형 포유류만 선택적으로 멸종되었다는 거야. 지금까지 과학자들은 북아메리카에서 마지막 빙하기가 끝날 무렵에 기온이 5℃ 정도 상승하면서 급속한 기후 변화가 일어나고, 그에 따라 식물 생태계가 변화해 초식 동물이 멸종하고 그 다음에는 육식 동물이 멸종되었을 거라고 생각해 왔지. 그런데 매머드, 낙타, 검치 호랑이와 코끼리의 조상인 마스토돈, 길이가 7m나 되는 나무늘보 같은 거대한 동물들이 기후 변화에 적응하지 못하고 멸종했다는 것은 쉽게 납득하기 어려운 일이야. 게다가 이들은 빙하기라는 혹독한 환경을 견뎌 낸 동물이었고, 온난화는 오히려 생활 환경을 좋게 만들어 주는 거잖니?"

"그럼, 멸종의 원인이 인간이었나요?"

유나가 말을 하고 나서는 입을 앙다물었다.

"그래. 최근의 연구자들은 또 다른 멸종 원인으로 1만 3000년 전의 인구 증가를 들고 있어. 이 시기에 인류는 시베리아와 북아메리카 대륙을 연결하는 길을 따라 아메리카 대륙으로 이주했지. 그 뒤 불과 1000년 동안에 북아메리카 대륙에 살던 대형 포유류 중 35종이 사라졌는데, 이는 전체 종의 절반이 넘는 수치야. 인간을 만나 본 적이 없던 덩치 큰 동물들이 인간을 경계하지 않았던 거지. 약 1만 년 동안 몸무게 45kg이 넘는 육상 동물, 파충류, 날지 못하는 새 등, 24개 속(屬)에 속하는 생물 가운데 23개 속의 생물이 멸종했어. 살아남은 것은 아시아에서 인류와 함께 건너온 순록, 엘크, 들소인데, 이들은 인류와 함께 생활한 경험이 있기 때문에 살아남을 수 있었던 거지. 인간이 자신들에게 어떤 짓을 할지 알고 있었던 거야."

윤 박사는 설명을 마치고 손으로 탁자를 가볍게 두드리며 말했다.

"이제 백승기 박사 연구실로 가자. 아마 여러분을 목 빠지도록 기다리고 있을 거야. 아직 결혼하지 않은 노총각인데 아이들을 좋아하는 순수한 사람이야. 백 박사는 과거의 기후를 연구하고 있는데 우리 연구소에서는 백미남이라고 부른단다."

"와, 정말 잘생겼어요?"

은비의 반응이 가장 빨랐다.

"사람이 예쁜지 안 예쁜지는 눈이 아니라 마음으로 판단하는 거잖아? 관심 있으면 미남으로 보이고."

석호가 시큰둥하게 대답했다.

"하하하, 그렇겠다. 우리 연구소에서는 보통 100m 미남이란 뜻으로 하는 말인데, 마음이 있는 사람이 보면 정말 잘생겨 보이겠지. 누나나 언니 있으면 소개하렴."

빙하로 알아내는 기후 변화

"웰컴, 환영한다! 어서 오렴, 한참 기다렸어."

눈매가 서글서글한 백 박사는 학생들을 반갑게 맞이했다.

"여러분이 궁금해하는 모든 것을 알려 줄 명석한 두뇌와 포근하고 넓은 가슴을 지닌 따뜻한 남자, 백 박사다."

은비는 갑자기 '풋' 하는 웃음이 새어 나올 뻔했다. 백승기 박사의 별명이 떠올랐기 때문이다.

"옛날의 기후를 어떻게 알 수 있어요? 또, 분석하는 모습을 직접 볼 수 있나요?"

석호가 급히 말했다.

"단단히 준비하고 온 모양이구나. 좋아, 먼저 기후 분석 방법을 설명한 다음 작업 과정을 직접 보여 줄게. 과거의 기후는 극지방에 있는 빙하에 구멍을 뚫어 표본을 얻은 다음 거기에 나타난 얼음층을 분석해서 알아낸단다. 얼음 속에 들어 있는 염분, 꽃가루, 아주 작은 공기 방울 속에 갇힌 기체의 양과 성분 등을 분석하고, 얼음의 산성도도 분석하지. 죽은 나무의 나이테나 산호, 호수와 바다의 퇴적물을 살펴보아도 기후 변화를 추정할 수 있어."

"남극의 얼음이 지구의 이력서라는 말은 들었어요."

백 박사는 유나의 말에 가볍게 미소를 지으며 말했다.

"맞아. 빙하는 과거를 알려 주는 타임캡슐 같은 거야. 남극 대륙의 빙하는 수십만 년 동안 눈이 쌓이면서 나무의 나이테 같은 얼음층을 만들었지. 각각의 얼음층에는 당시의 공기가 갇혀 있는데, 말하자면 '공기 화석'이지. 얼음을 녹이면 얼음에 갇혀 있던 공기 방울들이 빠져 나오는데, 이들을 분석하면 각 시대의 공기가 어떤 성분으로 이루어졌는지 알 수 있어. 공기 성분 중에서 이산화탄소와 메테인의 양이 많으면 지구의 온도가 높았다는 것을 알 수 있고, 적으면 온도가 낮았다는 것을 알 수 있지. 또, 산소 동위 원소(원자 번호는 같지만 질량수가

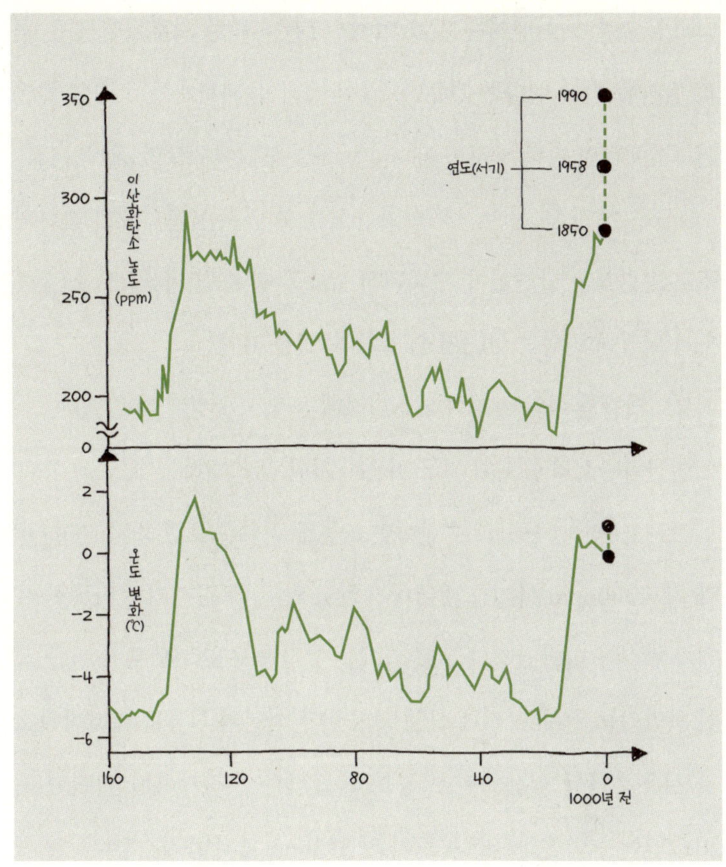

다른 원소)의 비율을 조사해도 기후를 알 수 있어. 무거운 산소 동위

원소가 많으면 기후가 따뜻했다는 뜻이거든. 자, 이것을 보렴."

백 박사는 컴퓨터 모니터를 가리키며 말했다.

"이 도표는 러시아와 프랑스 과학자들이 남극의 보스토크 기지에

서 2000m 깊이의 빙하 속에 갇혀 있는 공기 방울을 분석한 결과야.

남극의 기후가 어떤지는 알고 있지? 그런 혹독한 기후에서 깊은 곳의 빙하를 얻어 낸다는 건 보통 일이 아니야. 과학자들이 시설 좋은 연구실에서만 일하는 것은 아니라는 사실을 알아줬으면 해.

그들은 16만 년 동안의 이산화탄소 농도 변화를 분석해서 하나의 뚜렷한 현상을 발견했어. 모니터의 도표를 잘 보면 이산화탄소의 농도가 어떻게 변하고 있는지 쉽게 알 수 있을 거야."

모니터를 들여다보던 석호가 도표에 눈을 고정시킨 채 말했다.

"이산화탄소의 농도와 지구 기온이 거의 같이 변하는데요."

"그래. 16만 년 동안의 이산화탄소 농도 변화를 보면 최저 190ppm과 최고 300ppm 사이를 벗어나지 않고 있어. 추운 시기와 따뜻한 시기가 번갈아 나타났지만 온실 기체는 일정한 농도 범위를 벗어난 적이 없었다는 거지. 그런데 산업 혁명 이후 석탄과 석유를 에너지원으로 사용하면서 이산화탄소 농도가 급격하게 증가하기 시작했고, 2012년에는 이산화탄소 농도가 약 393ppm까지 올라갔단다. 자, 이제 빙하 표본을 분석하는 작업실로 가 보자."

얼음 표본 분석

“야! 이곳은 냉동 창고 같아요.”

준비실에서 두툼한 옷과 마스크, 장갑을 착용한 유나가 작업실로 들어서며 말했다.

“그래. 저기 냉동함에 있는 얼음을 보렴.”

“겉에 ‘VOSTOK’라고 적혀 있는 원통 모양의 얼음 말씀이죠?”

“남극의 보스토크 기지는 국제 지구 관측년이었던 1957~1958년에 러시아가 세운 기지란다. 저 얼음 표본은 지름 10cm 정도의 원통형으로 얼음을 파낸 것인데, 전기로 열을 내는 단단한 날이 달린 드릴로 얼음에 구멍을 뚫고 채취한 거란다. 구멍이 만들어지면 얼음이 녹아 물이 생기는데 이 물은 바로 위로 퍼 올려야만 해. 그렇지 않으면 물이 바로 얼어서 드릴이 움직이지 못하거든. 드릴로 파낸 원통형 표본은 약 1m 길이로 자른 다음 순서대로 번호가 매겨진단다. 그런 작업 과정을 거친 후 냉동 용기에 담겨 우리 연구소까지 오게 된 거야.”

“한번 들어 봐도 돼요?”

우영이가 얼음 표본을 가리키며 말했다.

“좋아. 얼음 원통을 탁자 위에 있는 기구에 고정시켜 보렴.”

“박사님, 이렇게 올려놓으면 되나요?”

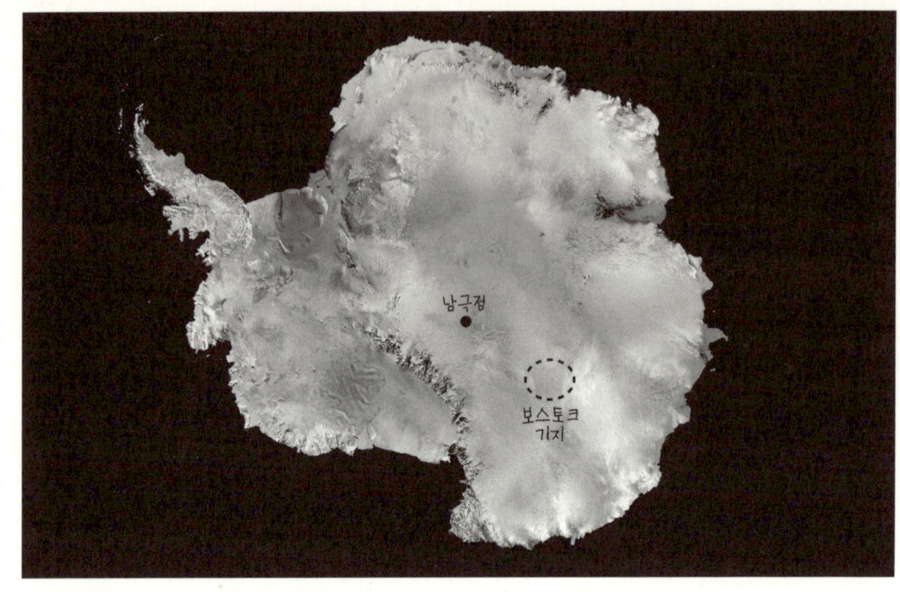

남극의 보스토크 기지 러시아가 기상 관측을 위해 남극에 세운 기지로 '보스토크(VOSTOK)'는 러시아어로 '동쪽'을 의미한다. 아래 사진은 얼음 표본 채취 현장.

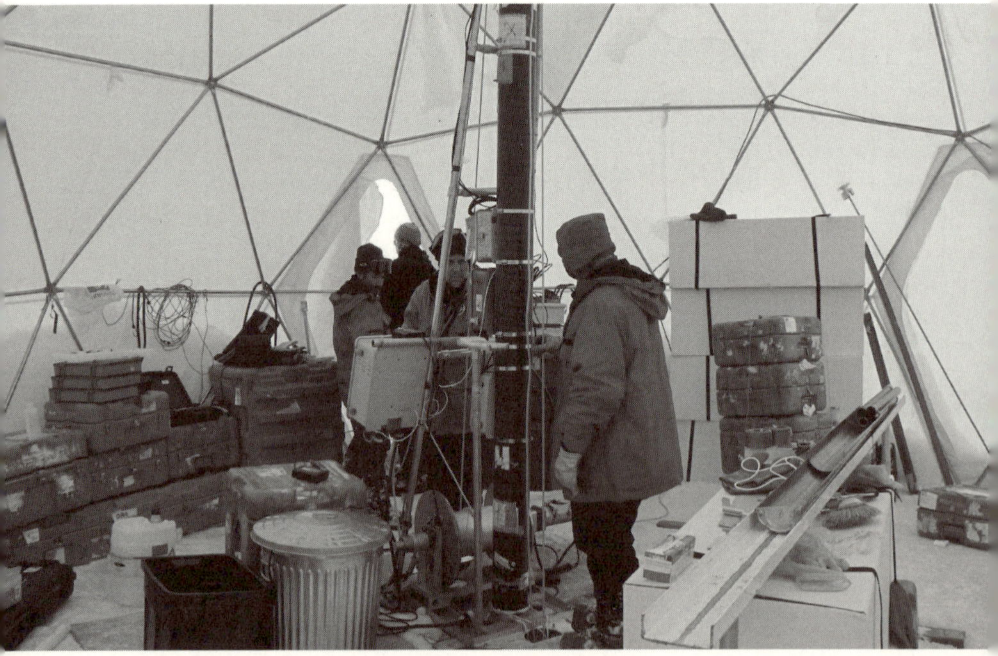

"그래, 아주 잘했다. 이 원통의 양 끝에 전류를 흐르게 하면 그 당시 기후가 어떤 상태였는지 알 수 있어. 얼음에 먼지와 같은 물질이 포함되어 있으면 전류가 불규칙하게 흐르지. 얼음 표본에 먼지가 많다는 건 기후 변화로 황량한 지역이 많이 생긴 걸 뜻해. 그 지역에서 바람에 날린 먼지가 공기 중에 많았다는 것을 말해 주는 거지.

표본을 잘 살펴보면 공기 방울이 보이지? 좀 전에 이야기한 것처럼 이 공기 방울들은 옛날 대기의 화석이야. 이제 끌로 표본의 표면을 얇게 깎아서 시료 병에 넣으렴."

우영이는 조심스럽게 끌로 얼음을 깎아 은비가 들고 있는 시료 병에 넣었다.

"이것을 물리화학 실험실로 가져가서 분석하면 되는데, 이때 주변 공기로 인해 표본이 오염되거나 표본의 시기를 혼동하는 일이 일어나면 안 돼. 그래서 우리들도 아주 조심스럽게 작업한단다."

반복되는 빙하기

"얼음 표본을 이용해서 과거의 기후를 알 수 있다고 하셨는데요, 그러면 기후는 왜 변하나요?"

석호가 물었다.

“기후 변화는 따뜻한 시기와 추운 시기의 변화로 설명할 수 있으니까 지질 시대 동안 일어났던 빙하기의 원인을 알아보면 기후가 변하는 원인을 알 수 있겠지. 빙하기가 주기적으로 나타나는 이유를 체계적으로 설명한 사람은 세르비아의 천문학자 밀란코비치야.

그는 기후 변화의 변수로 세 가지를 제시했어. 첫째, 지구와 태양 사이의 거리가 항상 일정한 것은 아니며 공전 궤도는 원형에서 타원형으로 주기적으로 바뀐다. 둘째, 지구 자전축은 2만 6000년마다 한 바퀴씩 회전하는 세차 운동을 한다. 팽이의 회전축이 지면에 수직으로 서 있지 못하고 기울어져 있으면 팽이는 제자리에서 똑바로 돌지 않고 비틀거리며 돌게 되잖아. 이와 같이 회전체의 회전축 방향이 변하는 운동을 세차 운동이라고 하는데, 세차 운동으로 지구 자전축의 경사 방향이 반대가 되면 여름과 겨울이 생기는 위치도 반대가 된단다.”

“잠깐만요. 박사님의 설명을 이해하려고 열심히 집중하고 있는데요. 지금 설명은 정말 이해가 안 돼요. 제가 원래 공간 감각이 부족한 탓도 있겠지만 지구의 운동이 어떻게 변하는 것인지 머리 속에 전혀 그려지지 않거든요.”

유나가 심각한 표정으로 말했다.

“하하하. 미안, 미안. 네 탓이 아니라 내 탓이다. 이론적인 이야기를 말로만 하니까 이해가 안 될 수도 있을 거야. 자, 그림으로 설명해 줄게. 지금은 자전축 방향이 A인데 세차 운동 때문에 자전축의 방향이

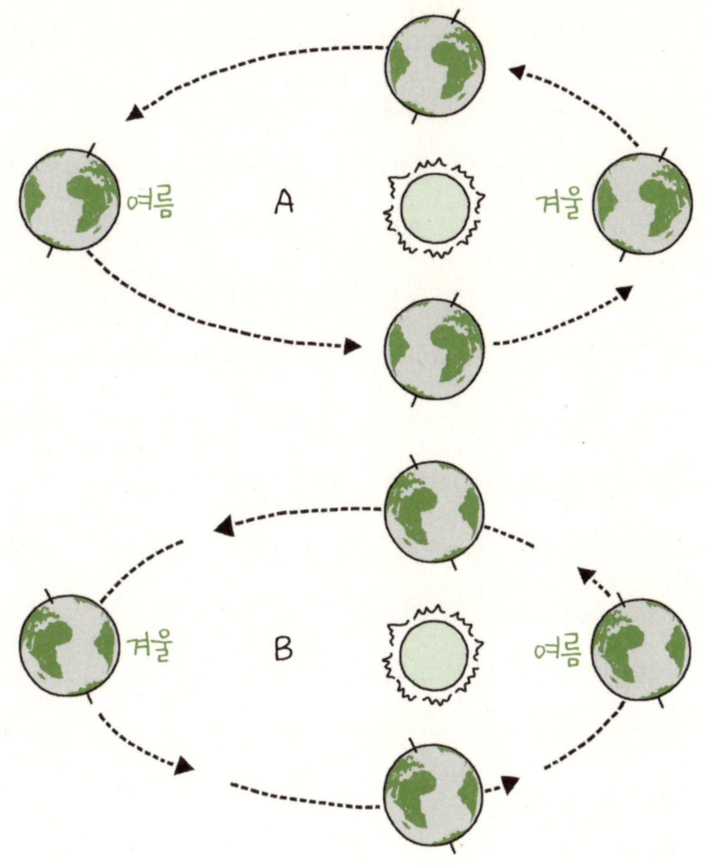

변하게 되는 거야. 약 1만 3000년이 지나면 자전축 방향은 이렇게 B
로 바뀌게 되지. 그러면 우리나라에 어떤 변화가 나타날까?”

“여름과 겨울이 일어나는 위치가 달라져요.”

유나가 가장 먼저 대답했다.

“맞아. 공간 감각이 부족하기는커녕 뛰어나네. 계절의 변화는 태양

빛이 지표면에 들어오는 각도의 변화 때문에 일어나는 거야. 자전축 방향이 A일 때에는 우리나라에 들어오는 태양빛의 각도가 크기 때문에 여름이 되고, 자전축 방향이 B가 되면 우리나라에 들어오는 태양빛의 각도가 작아지니까 겨울이 되는 거지.”

백 박사는 유나의 표정이 밝아진 것을 확인하고 계속 설명했다.

“셋째, 지구의 자전축은 4만 1000년을 주기로 21.5°부터 24.5°까지 흔들린다. 이 세 가지 변수 때문에 여름이나 겨울에 공전 궤도상에서 지구의 위치가 매년 달라지지. 예를 들어 자전축이 지금보다 더 기울어지거나 궤도가 더 납작한 타원형이 된다면 여름과 겨울에 받는 태양 에너지의 차이가 더 커지게 되는 거야.

좀 어렵지? 간단하게 설명하면 지구의 위치에 따라 지표면으로 들어오는 태양 에너지의 양이 달라지면서 기후가 주기적으로 변한다는 말이지.”

진화의 역사와 인류

백 박사는 두 손을 맞잡으며 자신의 심정을 말했다.

“요즘엔 ‘진화의 역사 속에서 내 자리는 어디일까’ 하는 생각을 자주 하게 된단다. 어머니 태내에서 하나의 수정란이 자라 아기로 태어나듯, 모든 생물은 진화의 산물이야. 35억 년이 넘는 긴 세월 동안 헤아릴 수 없이 많은 생물들이 지구상에 나타나고 사라지면서 생물들은 지금의 모습으로 진화해 온 거야.

그런데 생물 진화의 역사 속에서 인류는 참으로 특이한 존재라는 생각이 들어. 아니, 연구를 진행할수록 분명한 사실로 드러나고 있어. 모든 생물이 환경과 영향을 주고받으며 살아가지만, 인류처럼 지구 전체에 이렇게 큰 영향을 끼친 단일종은 없었거든.

지금 여러분이 관심을 갖고 조사하고 있는 지구 온난화 문제 역시 같은 고민을 안겨 줄 거야. 열심히 공부하는 여러분의 모습을 보니 숱한 투쟁을 통해 지금과 같은 모습으로 진화해 온 생명의 보람이 있구나 하는 생각이 든다. 열심히 하자. 파이팅!"

아이들이 밝게 웃으며 대답했다.

"고맙습니다. 백승기 박사님!"

연구소 건물을 나오자 서쪽 하늘이 붉게 물들어 있었다.

우영이가 말했다.

"이야, 정말 멋지다. 오랜 옛날에는 공룡들이 이런 광경을 보고 있었겠지?"

"정말 못 말린다, 공룡돌이 우영! 우리 저기서 주요 내용만 간단하게 확인하고 가자."

석호는 건물 앞 잔디밭에 있는 의자를 가리키며 말했다.

"연구소 방문하기 전에 미리 조사한 자료 있지?"

"응. 오랜 옛날의 기후를 알아보는 방법이야. 예를 들어, 어떤 지역에서 암염이나 석고가 발견되면 과거에는 그곳의 기후가 따뜻했다고 생각할 수 있어. 왜냐 하면, 암염이나 석고는 증발이 활발히 일어날 때 물 속에 녹아 있던 물질이 침전하여 만들어지기 때문이야. 그리고 건조한 기후는 건열(셰일과 같은 퇴적물이 건조한 기후에 노출될 때 수축되면서 갈라진 틈)을 통해서도 알 수 있어."

은비의 말이 끝나자 유나가 말했다.

"나는 식물을 이용해서 기후를 알아보는 방법을 조사했어. 어떤 지역에서 활엽수의 나뭇잎 화석이 발견되면 그곳의 기후가 따뜻했다는 것을 알 수 있어. 그리고 고사리 화석이 발견되면 그 지역이 따듯하고 습도가 높았다는 것을 알 수 있지. 그뿐이 아냐. 과학자들은 토양과 호수 퇴적물에서 표본을 채취해서 각 표본에 들어 있는 꽃가루를 조사한대. 꽃가루 입자의 종류를 알아내고 각 지층의 연대를 측정하는 거지. 그러면 특정 시기에 그 지역의 기후가 어떠했는지를 알 수 있다는 거야."

고개를 가볍게 끄덕이며 석호가 말했다.

"좋아. 그럼 이렇게 하자. 보고서 제목은 '기후의 비밀을 알아낸다'로 하고, 두 사람이 정리한 내용에다 윤 박사님이 급격한 지구 환경 변화의 요인으로 꼽은 소행성 충돌과 화산 폭발에 관한 내용을 덧붙

이는 거야. 그다음에 백 박사님이 설명한, 빙하 분석을 통해 기후 변화를 알아내는 방법을 상세히 정리하고 말이야. 과학자들이 어떻게 오래 전의 기후를 알아내는지 내 눈으로 직접 확인하니까 정말 좋은 것 같아. 지구의 긴 역사 속에서 인류가 활동한 기간이 얼마나 짧은지, 그리고 그 짧은 기간에도 불구하고 인류가 기후 변화에 끼치는 영향이 얼마나 큰지 몸으로 느낄 수 있었거든.”

“나도 그래. 인류의 활동이 그동안 자연에 어떤 영향을 주었는지 알 수 있게 됐어. 생활의 편리를 위해 화석 연료를 비롯해 지구 자원을 지나치게 이용하는 것은 아닌가 하는 생각이 들어. 대륙의 이동이나 지구가 받는 태양 복사 에너지의 변화와 같은 자연 활동에 따른 환경 변화는 아주 오랜 시간에 걸쳐 천천히 일어나잖아. 그렇지만 인간의 활동이 불러온 변화는 너무나 빠르고 급격한 것 같아.”

은비가 석호의 말을 받아 답했다.

“그러면 우리 조는 기후 변화의 요인을 정리하도록 하자. 그리고 다른 조에서 활동한 결과를 종합하면 궁금하던 문제를 해결할 수 있을 거야.”

석호네 조원들의 얼굴이 붉은 노을만큼 곱게 빛났다.

5

경제가 발전하면
환경문제도
해결된다?

경제학자와 낙하산

따뜻한 어느 봄날, 한 경제학자가 손녀와 공원을 산책하고 있었다.

"할아버지, 잠깐만요. 저 의자 밑에 만 원이 있어요."

"얘야, 그곳에 만 원이 있을 리가 없다."

경제학자는 의자 밑을 쳐다보지도 않고 단호하게 말했다.

"만약 그런 게 있다면 다른 사람이 이미 주워 갔을 테니까 말이야."

이튿날, 그 경제학자는 친한 친구인 환경학자와 등산을 했다.

"세상의 질서는 수요와 공급의 법칙에 따라 이루어지네. 누가 간섭하지 않

아도 되지. 만약 어떤 물건이나 서비스의 가격이 지나치게 오르면 누군가 그

물건을 대체할 다른 물건을 만들어 내거든. 지구 온난화를 걱정하는 자네의

심정은 이해되지만, 현재 사용하는 화석 연료가 너무 비싸지면 사람들은 화

석 연료를 대신할 수 있는 물질을 찾아낼 거야."

이 말에 환경학자가 답을 하려는 순간, 두 사람은 갑자기 불어 닥친 강한 바람에 밀려 낭떠러지로 떨어졌다. 떨어지면서 환경학자가 말했다.

"지구 온난화를 막을 방법에 대한 토론을 끝내지 못해서 유감이군."

경제학자가 외쳤다.

"20만 원, 50만 원, 100만 원, 400만 원, 1000만 원!!!"

"자네 도대체 뭐하는 건가?"

"값을 부르는 거야. 적당한 값을 부르면 누군가 낙하산을 팔겠지."

세상의 질서를 경제 원리로 바라보는 경제학자에게 환경 문제는 또 하나의 경제 문제일 뿐이다.

지구는 뜨거워지고 있는가?

'환경 문제 이렇게 바라보자'라는 주제로 강연이 열리는 강연장 입구는 미래학자이자 철학자인 이 박사의 강연을 듣기 위해 몰려든 사람들로 몹시 붐볐다. 슬기는 채란이와 함께 다른 조원인 현욱이와 지우를 기다리고 있었다.

"슬기야. 아까 버스 안에서 읽던 시가 뭐였어?"

"응, 윤동주의 '서시'. 이제 거의 다 외웠어. 들어 볼래?"

슬기는 눈을 감고 잠깐 숨을 고르더니 시를 낭송했다.

"죽는 날까지 하늘을 우러러

한 점 부끄럼이 없기를,

잎새에 이는 바람에도

나는 괴로와했다.

별을 노래하는 마음으로

모든 죽어 가는 것을 사랑해야지.

그리고 나한테 주어진 길을

걸어가야겠다."

채란이가 다음 시구를 이었다.

"오늘 밤에도 별이 바람에 스치운다."

채란이와 슬기는 서로 손바닥을 마주치며 까르르 웃었다.

"정말 끝내 주지 않아? 특히 이 구절 말이야. '별을 노래하는 마음으로 모든 죽어 가는 것을 사랑해야지.'"

슬기의 말에 채란이가 말했다.

"진정한 휴머니스트야!"

두 사람은 다시 까르르 웃었다. 잠시 후 현욱이와 지우가 도착하자 모두 강연장으로 들어갔다. 300석 남짓한 강연장이 사람들로 꽉 찼다. 시간이 되자 이 박사가 강연을 시작했다.

"여러분은 평화와 전쟁, 자유와 구속 중 어느 것을 선택하시겠습니까? '왜 그런 당연한 질문을 할까?' 하고 고개를 갸우뚱하는 분이 많을 겁니다. 일반적으로 환경 문제를 대하는 태도 역시 이런 질문에 대한 여러분의 답과 마찬가지로 이미 정해져 있다고 생각합니다.

'푸른 지구 만들기'나 '다양한 생물과 더불어 살기'와 같은 환경 문제에 대한 태도 역시 당연히 '정당한 것'으로 받아들여지고 있습니다. 환경 운동가들은 때로는 과학적 근거 없이 '환경의 복수'니 '지구 재앙의 날'이니 하는 협박까지 하면서 호들갑을 떨기도 합니다. 저는 환경주의자들이 환경 문제를 이성적으로 판단하고 합리적으로 풀어 나가기보다는 정치적으로 이용하고 있다고 생각합니다. 또 신문이나 방송을 통해 사람들에게 미래에 대한 불안감을 심어 줘서 사람들이 자신의 의견에 따르도록 합니다. 게다가 반대를 하면 마치 어떤 불순한 의도가 있다는 식으로 몰아 가면서 반대 의견을 좀처럼 받아들이지 않지요. 예를 들면, 화석 연료의 사용 때문에 일어나는 지구 온난화의 정도는 아주 심각한 수준이 아니라고 말하면 석유나 자동차 기업의 지원을 받아 그들의 이익을 지켜 준다는 식으로 색안경을 끼고 바라봅니다. 이래서는 환경 문제를 올바로 해결할 수 없습니다. 막연한 열정만으로 어떻게 문제를 해결합니까? 이성적 판단의 밑받침 없이 이상적인 세상만 꿈꾸다가는 오히려 인류의 미래에 해가 될 수도 있습니다.

그래서 저는 오늘 강연을 통해 환경 문제가 가지고 있는 허울을 하나씩 벗겨 나가겠습니다. 우리가 살고 있는 세상의 현실을 과학적으로 살펴보자는 것이지요. 먼저, 제가 가지고 있는 의문점은 '지구는 정말 뜨거워지고 있는가?' 하는 것입니다. 그리고 여러분에게 묻겠습니다. 지구 온난화가 정말 석탄, 석유와 같은 화석 연료 때문에 일어날까요? 지금 당장 지구 온난화를 막을 방법을 찾아야 합니까?

우리가 아는 정보는 대부분이 일방적인 것입니다. 국제 기후 연구 기관 중에 IPCC라는 기구가 있습니다. 기후 변화에 관한 정부간 협의체이지요. 그곳에는 여러 나라의 과학자가 모여 있습니다. IPCC는 앞으로 100년 동안 지구의 온도가 평균 6℃ 상승할 것이라고 주장하고 있습니다. 그런데 이 주장의 내용을 자세히 살펴보는 사람은 거의 없습니다. 누구나 그 숫자에 놀랄 뿐이지요. IPCC는 기후 전문가 집단이란 권위를 가지고 있기 때문에 언론에서는 이들이 발표하는 자료만을 앵무새처럼 따라 말하고 활자로 뽑아 냅니다. 물론, 언론은 IPCC의 발표 내용을 증명할 수 있는 전문적인 지식이 없을 뿐 아니라 두꺼운 자료를 차분히 읽어 보거나 검토할 여유도 없습니다. 그래서 IPCC가 정리해 주는 발표문을 그대로 보도하고 있습니다.

위와 같은 의문을 가지고 제 강연을 들으면, 여러분은 강연이 끝날 즈음 새로운 눈으로 세상을 볼 수 있을 것입니다.”

강연장 여기저기서 사람들이 웅성거리기 시작했다.

“지구 온난화 문제를 저렇게 바라볼 수도 있네!”

“무언가에 홀린 것 같은 기분이야.”

“그럼, 기후 과학자들의 주장이 틀렸다는 거야?”

　　　　　이 박사는 청중들의 반응을 보면서 잠시 말을 멈췄다가 다시 말을 이었다.

"여러분, 지금은 빙하기입니다."

강연장 앞쪽에서 다시 한 번 술렁거리는 소리가 들렸다.

"기후 과학자들은 지구 온난화에 대해 걱정하고 있습니다. 하지만 제 생각은 좀 다릅니다. 약 180만 년 전부터 몇 차례의 빙하기가 있었는데, 저는 지금이 다섯 번째 빙하기라고 생각합니다. 저와 같은 생각을 가진 한 과학자가 제게 도움말을 주었습니다. 빙하기는 예전부터 일정한 주기로 나타났는데, 지금은 빙하기 중 상대적으로 온도가 높은 간빙기라는 겁니다. 빙기와 간빙기는 5~10℃ 정도 온도 차이가 납니다. 따라서 지금의 지구 온도 상승은 이러한 자연 변화 과정이라고 볼 수도 있습니다. 인간의 영향이 아닌 자연의 주기적인 변화 때문에 지구 온난화가 일어나고 있다는 것입니다.

많은 과학자들은 지구 온난화의 주범이 이산화탄소라고 합니다. 그런데 인류가 방출하는 이산화탄소의 양은 숨쉴 때 내보내는 이산화탄소를 포함해도 자연에서 화산 활동과 산불 등을 통해 자연적으로 나오는 이산화탄소의 양에 비하면 아무것도 아닙니다. 더구나 가장 큰 온실 효과를 낳는 기체는 이산화탄소가 아니라 수증기입니다. 또,

자동차와 공장에서 나오는 이산화탄소보다도 메테인이 일으키는 온실 효과가 더 큽니다. 사실이 이러한데도 지구 온난화 문제를 토의할 때에는 자연이 방출하는 이산화탄소와 수증기에 대해서는 다루지 않습니다. 우리가 생활하면서 어쩔 수 없이 내보내는 이산화탄소만 문제 삼습니다. 메테인에 대해서는 심각하게 다루지도 않고요."

이때 1층 앞줄에 있던 한 사람이 손을 들었다.

"잠깐 확인할 내용이 있습니다. 수증기의 온실 효과가 가장 크다는 말씀은 맞습니다. 그런데 지구 온난화는 온실 효과로 평형을 이루고 있던 지구의 온도가 올라가는 현상을 말합니다. 수증기는 자연 상태에서 그 양이 거의 일정하게 유지되고 있는데 비해 인간의 산업 활동으로 방출되는 이산화탄소는 크게 늘어나고 있기 때문에 지구의 온도가 올라가는 지구 온난화 현상이 일어나는 것입니다. 그래서 인간이 방출하는 이산화탄소를 문제 삼는 거지요. 또, 메테인이 이산화탄소보다 더 큰 온실 효과를 낳지만 그것은 같은 양을 기준으로 했을 때의 이야기입니다. 현재 대기 중에 있는 메테인과 이산화탄소의 양을 비교하면 이산화탄소가 훨씬 많습니다. 전체적으로는 메테인보다 이산화탄소가 주는 영향이 훨씬 크다는 거지요."

청중의 설명에 이 박사의 얼굴에 잠시 당황한 기색이 보였다. 이 박사는 이마에 잠깐 손을 대었다 떼고는 말했다.

"저는 인간이 방출하는 이산화탄소의 양이 그리 심각한 수준은 아

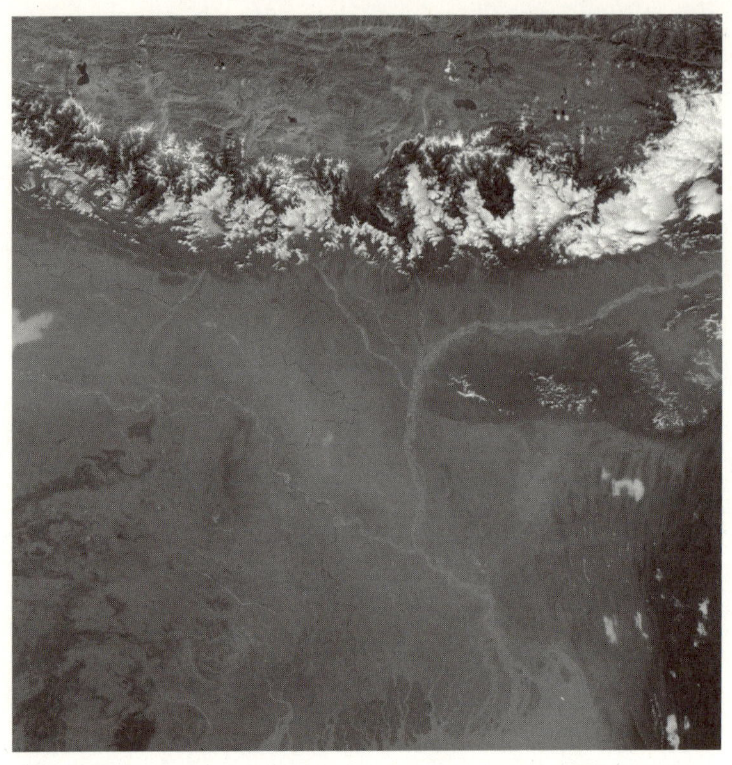

에어로졸의 냉각 효과 공기 중에 떠도는 미세한 고체 입자나 액체 방울인 에어로졸은 지구의 온도를 낮추는 역할을 하기도 한다.

니라는 것을 강조해서 말씀드리는 겁니다. 강연을 계속하겠습니다.

그리고 지구 온난화를 연구할 때 빼놓아서는 안 되는 중요한 요인 중 하나가 공기 중의 먼지입니다. 작은 먼지는 아주 천천히 떨어지기 때문에 오랫동안 공기 중에서 떠돌아다닙니다. 이것을 보통 에어로졸(aerosol)이라고 하는데, 이 에어로졸의 양이 많아지면 어떤 효과가 일어날까요? 어렵지 않게 추측할 수 있습니다. 에어로졸이 지표면으로 들어오는 태양열의 유입을 막기 때문에 지구의 온도는 내려갑니다. 화산 폭발이 일어날 때 일시적으로 지구 온도가 내려가는 경우를 생각하면 됩니다. 냉각 효과가 일어나는 것이지요. 따라서 지구 온난화를 이야기할 때에는 이산화탄소 때문에 일어나는 온도 상승뿐 아니라 에어로졸 때문에 일어나는 냉각 효과도 고려해야 합니다. 기후에 영향을 주는 또 다른 중요한 요인은 구름입니다. 구름은 떠 있는 높이나 두께에 따라 지구의 온도를 높일 수도 있고 낮출 수도 있습니다. 구름은 태양빛을 반사해서 지표면의 온도가 올라가는 것을 막아 주기도 하지만, 지표면에서 우주 공간으로 나가는 열을 막아 주기도 하기 때문이지요. 그래서 과학자들은 기후를 예측할 때 구름이 미치는 영향을 추측하기가 가장 어렵다고 합니다.

  기후 과학자들은 이와 같은 여러 요인을 컴퓨터 프로그램에 입력하여 결과를 알아냅니다. 그런데 바로 여기에 놓쳐서는 안 되는 중요한 점이 또 하나 있습니다. 어떤 요인의 비중을 어떻게 설정하여 입력하는가에 따라 결과가 달라진다는 점이지요. 컴퓨터는 복잡한 방정식을 계산하는 기계일 뿐입니다. 에어로졸의 냉각 효과를 어느 정도로 설정하는가에 따라, 또는 구름의 효과를 지구 온난화 증가 요인으로 볼 것인가 감소 요인으로 볼 것인가에 따라 지구 온난화 정도는 무척 다르게 나타납니다. 컴퓨터 프로그램을 바꾸면 이산화탄소 때문에 일어나는 지구 온난화는 걱정하지 않아도 되는 수준일 수도 있습니다.

다시 말씀드리지만, 지구 온난화 문제는 결코 이산화탄소의 증가만 보고 판단할 수 있는 것이 아닙니다. 에어로졸이나 구름 같은 요인이 어떤 영향을 주고 있는가 또 이들이 미치는 영향은 어느 정도인가에 대한 더욱 깊이 있는 연구가 필요합니다."

2층 강당에서 박수 소리가 터져 나왔다. 채란이가 뒤돌아보면서 슬기에게 말했다.

"저 사람들 표정을 봐. 아주 밝아."

"정말 그러네. 하지만 1층에서는 박수 소리가 거의 들리지 않았어."

"사람마다 생각이 다른 것 같아. 강연 내용 잘 적고 있지?"

"그래. 분위기가 달아오르네. 조금 흥분된다."

지구가 뜨거워진다고 가정하자

이 박사는 박수 소리가 잦아들기를 기다리다가 한 손으로 입을 가리고는 가볍게 헛기침을 했다.

"지금 박수 소리는 제 이야기에 대한 격려와 긍정의 뜻으로 받아들이겠습니다. 저는 지구 온난화에 대한 과학적인 증거가 아직 확실하지 않다고 말씀드렸습니다. 어쨌든 환경 문제가 아주 심각하다고 걱정하는 분들의 주장처럼 지구가 정말 뜨거워지고 있다고 가정해 봅시다. 도대체 우리에게 어떤 변화가 일어날까요?

앞으로 100년 동안 6℃ 정도 온도가 올라갈 거라고 가정하자는 말입니다. 온도가 6℃ 정도 상승하면 손해를 보기도 하지만 이득을 보기도 합니다. 겨울이 지금보다 따뜻해지니까 겨울에 얼어 죽는 사람이 줄어듭니다. 온난화의 영향을 이야기할 때 흔히 무더위 때문에 사망하는 사람이 늘어날 것이라고 말합니다. 그러나 상식적으로 생각해 봅시다. 더위 때문에 죽는 사람이 많겠습니까, 추위 때문에 죽는 사람이 많겠습니까?

온난화는 식량 문제를 해결하는 데도 도움이 될 수 있습니다. 지구의 온도가 올라가면 흔히 동토의 제국이라고 부르는 러시아나 북극 지방에 가까운 캐나다 북부에서도 농사를 지을 수 있습니다. 농산물을 거두어들이는 기간도 짧아지겠지요. 또한 식물은 공기 중의 이산화탄소를 이용하여 광합성을 합니다. 따라서 공기 중에 이산화탄소의 양이 많아지면 당연히 식물의 성장에 도움이 됩니다. 환경을 걱정하는 사람들은 왜 이런 긍정적인 효과는 이야기하지 않을까요?

자, 이야기가 나온 김에 한 걸음 물러서서 그분들의 주장대로 온난화로 해수면의 높이가 올라간다고 합시다. 바닷가에 있는 도시나 농토가 물에 잠길 수도 있겠지요. 그런데 이런 일은 우리가 아무런 일도 하지 않을 때에만 일어납니다. 깊은 바다에도 제방을 쌓을 수 있는 기술을 가지고 있는 우리가 1m 남짓 올라오는 바닷물을 막을 둑을 쌓는 일이 뭐가 어렵습니까?"

2층 강당에서 다시 박수 소리가 터져 나왔다. 이 박사는 분위기에 약간 들뜬 듯 어깨를 으쓱해 보였다. 그 때 2층에 준비된 마이크 앞으로 한 사람이 나와 말했다.

"질문 있습니다. 강연자께서는 경제적인 효율성을 굉장히 중요하게 생각하고 있는 것 같습니다. 저는 급격한 기후 변화에 벼나 밀과 같은 곡물이 적응하지 못하면 어떻게 하나 하는 걱정이 드는데요. 이 문제에 대해서는 어떻게 생각하십니까?"

"네, 우선 질문자가 지적하신 대로 저는 기후 문제를 풀어 가는 방법을 찾을 때 경제적인 효율성을 먼저 고려해야 한다고 생각합니다. 안 그래도 될 곳에 필요 이상으로 자본을 투자할 이유는 없으니까요.

어떤 사람들은 온난화로 기후가 변하면 농업이 심각한 영향을 받을 거라고 걱정합니다. 그러나 저는 이 문제도 크게 걱정할 필요가 없다고 생각합니다. 그 해답을 유전 공학에서 찾을 수 있기 때문입니다. 유전 공학은 우리 인류에게 GMO 즉, 유전자 조작 식품이라는 길을 열어 놓았습니다. 벌레나 농약에 강한 야채를 만들 수도 있고 원하는 품종만 수확을 늘릴 수도 있습니다. 만약 지구의 온도가 올라가는데 식물들이 적응하지 못한다면, 변화된 기후에 잘 적응하는 품종을 유전 공학 기술로 개발하면 됩니다. 온난화가 식량 생산에 끼치는 영향이 그토록 걱정된다면 GMO에 대한 연구 개발비를 늘리는 것이 오히려 현명한 대응일 것입니다."

선진국의 사치

강연 처음부터 양미간에 잔뜩 힘을 주고 듣고 있던 현욱이가 지우의 귓가에 입을 대고는 속삭였다.

"지우야, GMO가 뭐냐?"

"응, Genetically Modified Organism의 약자!"

"뭐라고? 누구 약올리냐?"

"유전 공학은 유전자를 인공적으로 합성 · 변형하거나 한 종에서 유전자를 얻은 다음에 이를 다른 종에 넣어 유용한 산물을 얻는 응용 공학이야. 유전 공학 기술을 이용하면 유전자인 DNA를 마음대로 잘랐다 붙일 수 있는데, 이런 방법으로 만들어진 생명체를 GMO, 그러니까 유전자 조작 생물체라고 해. 그리고 이 기술을 벼나 감자, 옥수수, 콩 같은 농작물에 적용해서 만든 농산물을 유전자 조작 농산물이라 부르고, 그 농산물을 가공한 것을 유전자 조작 식품이라 하고, 또……"

"너무 어렵다. 나중에 설명해 주라."

"좋아. 일단 강연에 집중하자."

현욱이가 강단으로 눈길을 돌렸을 때, 이 박사는 이마에 흐르는 땀을 닦고 있었다.

"이산화탄소가 지구 온난화를 일으키는 범인이니까 그 양을 줄이라고 가난한 나라들에 요구할 수는 없습니다. 산업이 발달하지 않은 나라에서 공해가 없는 비싼 에너지를 사용한다는 것은 꿈도 꾸지 못할 일입니다. 경제 개발을 포기하라는 이야기나 마찬가지예요. 지구 온난화가 정말 일어나고 있는지, 또 그 결과가 어떨 것인지 제대로 알지도 못하면서 지구 온난화 대처 방법을 찾아야 한다고 법석을 떠는 것은 선진국들의 사치입니다.

어떤 사람들은 경제 발전이 환경을 파괴한다고 생각합니다. 생활 수준을 높이는 경제 발전과 자연 환경을 보전하고 개선하는 일은 동시에 해낼 수 없다는 신념을 지닌 사람까지 있습니다. 저는 이런 사회적 통념에 과감히 맞서 싸워야 한다고 생각합니다. 그것은 선택의 문제가 아닙니다. 환경 개선은 경제 발전 없이는 이루어질 수 없습니다. 환경을 돌볼 수 있는 여유는 잘살게 되었을 때에야 비로소 생기기 때문입니다.

예를 들어 보겠습니다. 오염 없는 깨끗한 자연 환경을 만들어야 한다는 데 반대하는 사람은 없습니다. 하지만 현실은 어떻습니까? 자연 환경을 보전하고 개선하기 위해서는 많은 돈이 필요합니다. 그런데 우리에게 허락된 자원은 제한되어 있습니다. 경제 발전과 자원의 사용이라는 문제에서는 결국 정책적 판단이 필요할 수밖에 없습니다. 저는 가난한 생활에서 벗어나기 위해 경제에 먼저 투자하는 것이 진정한 휴머니즘이라고 생각합니다. 당장 급박하지도 않은 문제를 지나치게 걱정하며 돈을 낭비하는 어리석은 일을 해서야 되겠습니까?”

어떻게 할 것인가

　　　　“이제 끝으로 지구 온난화 문제에 대한 해결 방안을 말씀드리겠습니다. 저는 지구 온난화 문제를 해결하기 위해 이산화탄소 배출을 제한하는 것은 바람직하지 않다고 생각합니다. 이산화탄소 배출량을 줄이면 지구 온도가 올라가는 것을 어느 정도 낮출 수는 있겠지요. 하지만 경제 발전이 제자리걸음하거나 후퇴할지도 모릅니다. 차라리 이산화탄소 배출량을 줄이는 데 드는 엄청난 비용을 가난한 나라의 배고픔과 질병을 해결할 수 있는 경제 개발에 투자하는 것이 훨씬 더 합리적입니다.

　가난한 나라도 경제 발전을 통해 부를 쌓는다면 기후 변화에 잘 대응할 수 있기 때문입니다. 기온이 올라가면 에어컨을 이용할 수 있고, 바닷물의 높이가 올라가면 둑을 쌓을 수 있습니다. 지구 온난화 때문에 말라리아 같은 질병이 빠른 속도로 넓은 지역에 퍼질 것을 우려하는 사람도 있는데, 이것 역시 경제 발전이 이루어지면 크게 문제되지 않습니다. 마실 물이 깨끗하고 하수 시설이 잘 되어 있으면 큰 문제가 안 되기 때문입니다.

다시 한 번 강조합니다. 지구 온난화를 논의할 때 경제 성장을 무시해서는 안 됩니다. 우리 시대의 과제는 경제 성장과 그 성장의 결과를 잘 분배하는 일입니다. 그동안 경제 성장 과정에서 에너지를 마구 낭비하기도 하고 이전보다 자연 환경이 오염된 것도 사실입니다. 하지만 경제 성장과 분배가 잘 이루어져 여유 있는 삶을 누리게 되면 자연스럽게 환경에 관심을 갖게 될 것입니다. 지금은 환경 오염을 염려하며 조바심을 내기보다는 경제 발전을 앞당기는 것이 더 중요하다고 생각합니다."

"채란아!"

현욱이가 부르는 소리에 채란이와 슬기가 환하게 웃으며 대답했다.

"너희들 정말 열심히 듣더라. 강연 내용은 잘 메모했어?"

"응. 정말 재미있었어. 이 박사님은 주관이 뚜렷한 사람 같아. 자신의 의견을 거침없이 말하던데."

지우가 씩 웃으며 메모지를 들어 보였다.

"이 박사님은 지구 온난화를 자연적인 변화의 과정일 뿐이라고 생각하는 것 같아. 그리고 IPCC 같은 기구에서 발표한 자료도 신뢰하는 것 같지 않고. 강연 중에 에어로졸의 냉각 효과와 컴퓨터 프로그램의 문제점을 지적할 때는 고개를 끄덕이는 사람들이 많던걸.”

슬기가 말했다.

“근데 난 휴머니즘을 투자와 연관지어 설명하는 부분에서는 거부감이 일더라. 사람들을 가난한 생활에서 벗어나게 해 주기 위해서는 경제에 먼저 투자해야 한다고 했잖아? 휴머니즘이 경제 논리로 해결되는 건가? 그렇지는 않다고 생각해. 인간을 소중하게 여기고 현실뿐 아니라 미래 세대의 환경까지도 걱정하는 마음이 있어야 하는 것 아닐까?”

채란이가 까르르 웃으며 말했다.

“넌 정말 깜찍한 휴머니스트야. 난 오늘 강연에서 지구 온난화를 다르게 바라보는 입장을 확인할 수 있었던 것 같아. 기후 변화 문제를 효율성을 따지는 경제적인 기준으로 바라보면 곤란하다는 생각이 들기는 하는데 잘 모르겠어. 또, 경제라는 게 현실에선 무시할 수 없는 문제이기도 하고……. 으, 아직은 정말 뭐가 뭔지 잘 모르겠어.”

“얘들아! 내가 오늘 엄마에게 용돈 두둑하게 받아왔는데, 앞에 있는 피자집에 가서 피자 먹으면서 강연 내용을 좀 더 정리하면 어떨까? 내가 한 턱 쏠게.”

현욱이의 제안에 모두 “와”하고 환호성을 질렀다.

6

지구 온난화, 어떻게 바라볼 것인가?

베이징 나비의 날갯짓

영화 '쥐라기 공원'에서는 한 사업가가 살아 있는 공룡 공원을 만든다. 그리고 영화 속의 사업가는 컴퓨터를 이용해 공룡 공원의 질서를 완벽하게 통제할 수 있다고 생각한다. 하지만 영화에 등장하는 수학자는 자연의 본질인 예측 불가능성 즉, 카오스는 통제할 수 없다며 큰 재난이 닥쳐올 것을 경고한다. 그러던 어느 날, 공원은 갑자기 통제가 불가능해지면서 혼란에 빠진다.

쥐라기 공원은 왜 실패한 것일까? 지상에 있는 물체의 운동이나 달이나 태양과 같은 천체의 운동은 뉴턴의 과학 법칙으로 정확하게 알아낼 수 있다. 즉, 일식이나 월식과 같은 자연 현상이 언제 어디서 일어날지, 바닷물이 언제 들어오고 나갈지 정확하게 알 수 있는 것이다.

그런데 생명 현상이나 날씨의 변화는 이와 다르다. 처음의 조건이 조금만 달라져도 그 결과가 크게 달라지기 때문이다. 이를 '나비 효과'라고 부르기도 한다. 베이징에 있는 나비가 날갯짓을 하면 그로 인해 뉴욕에서 폭풍이 불 수도 있다는 말이다. 카오스 이론은 이와 같이 정확히 예측할 수 없는 불규칙한 현상 안에 숨겨진 질서를 찾는 연구 방법이다. 환경의 변화를 예측하기 어려운 이유는 자연 환경이 카오스의 세계이기 때문이다.

지구 온난화와 질병

      슬기 아버지가 근무하는 신문사 편집실. 편집장이 약간 들뜬 목소리로 말했다.

"오늘 있었던 이 박사 강연 소식 들었지? 지금까지의 관점을 뒤집는 새로운 이야기였던 모양이야. 이것도 재미있는 기사가 되지 않을까? 제목을 '지구가 망해 간다니, 천만의 말씀'이나 '더 이상 환경 정책은 필요 없다' 정도로 뽑으면 사람들의 시선을 확 끌어당길 수 있을 것 같은데."

편집장의 말이 끝나자 이 기자가 바로 말을 받았다.

"지난번에 편집장님이 보여 준 자료가 생각나더군요. 아마 '지구촌 건강 위기'였죠? 오늘 강연이 끝나고 이 박사와 잠깐 이야기할 시간이 있어서 온난화와 질병의 관계에 대해 자세히 물어보았습니다. 이 박사 말로는 말라리아 같은 병의 전염에 기후가 큰 영향을 주는 것은 사실이지만 꼭 그 때문만은 아니라고 강조하더군요. 물 웅덩이와 같은 습지의 물을 빼낸 다음 살충제로 모기를 없애면 말라리아를 물리칠 수 있다는 거죠. 말라리아가 널리 퍼지는 것은 지구 온난화라는 자연 현상 때문만은 아니랍니다.

특히 가난한 나라에서 이런 질병이 퍼지는 것은 위생 문제 때문이라고 합니다. 또, 사람들의 영양 상태나 마시는 물의 위생 상태, 의료 시설도 큰 영향을 끼친다며 전염병을 예방하고 물리치는 문제는 지구 온난화 문제라기보다는 그 사회의 경제 수준 문제라고 했습니다.

식수 위생 문제 깨끗한 물을 구하기 어려운 개발도상국과 후진국 사람들은 오염된 식수에 대해 무방비 상태로 노출되어 있다.

이 박사는 지구 온난화 때문에 질병이 확산될 것이라는 식의 주장에 대해 어이없어 하더군요. 사람들을 불안에 떨게 만드는 쇼일 뿐이라고 잘라 말했습니다."

편집장은 몇 차례 헛기침을 했다. 이 기자가 자신에게 하고 싶은 말의 의미를 알았기 때문이다.

'이 친구, 지난번 기후 특집 회의 때 내가 한 말을 못마땅해 하더니 이번이 기회다 싶으니까 바로 반박하네. 아무튼 기후 문제를 전혀 다른 눈으로 바라보는 친구가 있다는 건 좋은 일이야. 더욱 자극적인 기사를 쓸 수 있을 테니까.'

"하하하. 이 기자에게 보기 좋게 당했군. 나는 편집장으로서 내게 오는 정보를 그냥 전달했을 뿐인데 말이야. 그럼 이런 정보는 어떨까? 미국 국방부에서 나온 기후에 관한 비밀 보고서인데……."

"국방부에서 왜 기후 문제를 다루죠?"

손 기자가 깜짝 놀라며 물었다.

"어때, 솔깃하지? 잘 들어 봐."

미국 국방부 비밀 보고서

"앞으로 기후가 크게 변하면서 자연 재해가 일어나고 그로 인해 생존을 위한 처절한 싸움이 일어날 가능성이 있으므로, 그 대책을 마련할 필요가 있다. 장래에 일어날 갈등과 전쟁은 종교나 이데올로기, 민족의 자존심보다는 급격하게 변하는 자연 환경 속에서 살아남기 위해 일어날 것이므로 지금까지의 국가 안보 개념과는 다른 안보 개념이 필요하다.

앞으로 20년이 지나면 지구는 지금 수준의 인구를 유지할 수 있는 능력이 급격히 떨어지고, 인도와 남아프리카, 인도네시아는 폭동과 국내 갈등으로 무너질 것이다. 전쟁과 굶주림으로 수백만 명이 목숨을 잃고, 결국 세계 인구는 지구가 먹여 살릴 수 있는 수준으로 줄어들 것이다. 물을 확보하기 위한 싸움은 더욱 치열해질 것이다. 북아프리카의 나일 강과 유럽의 다뉴브 강, 남아메리카의 아마존 강에서 일어나고 있는 물 분쟁은 이미 위험한 수준이다.

해수면이 상승하여 살던 집과 농토를 잃게 된 사람들 때문에 많은 난민이 생겨날 것이다. 미국이나 유럽 같은 부자 나라는 난민들이 자기 나라에 들어오지 못하도록 국경을 막을 것이다. 특히 유럽은 바닷가와 국경선으로 몰려드는 불법 입국자들 때문에 큰 어려움을 겪을 것이다. 북유럽의 스칸디나비아 지역에 살던 사람들은 혹독한 추위 때문에 남쪽으로 이동하고, 무더위와 가뭄에 시달린 아프리카 사람들은 남부 유럽으로 몰려들 것이다. 상황이 이렇게 되면 많은 나라가 핵무기를 보유하려 할 것이다. 한국과 일본, 독일은 북한, 이란, 이집트처럼 핵무기 개발에 나설 것이며, 이스라엘, 중국, 인도, 파키스탄은 핵무기를 실제로 사용할 가능성이 커질 것이다."

환경 난민 최근 지구 온난화에 따른 해수면이 상승하고 이상 기후가 잦아지면서 '환경 난민'이 증가하고 있다. 환경 난민은 자연 환경의 변화로 생활이 어려워져서 원래 살던 곳에서 다른 곳으로 이동하게 된 사람들을 말한다.

편집장이 미국 국방부의 비밀 보고서를 읽고 나자 이 기자가 말했다.

"잘 짜여진 영화 시나리오 같군요. 기후 변화가 국가 안보와 관련이 있을 거라고는 전혀 생각하지 못했습니다."

신 기자가 말했다.

"지금 이 기자는 영화 같다고 했지만 저에게는 정말 현실에서 당장이라도 일어날 수 있는 이야기로 들립니다. 기후 변화가 사회 갈등을 일으킬 수 있다고 생각해 왔거든요."

"예를 들어 말해 주면 좋겠어. 혹시 구체적으로 조사한 자료라도 있나?”

편집장은 흥미롭다는 듯한 표정을 지으며 말했다.

기후 변화와 사회 갈등

　　　“네. 선진국과 후진국 농민의 생산성을 비교하면 굉장히 큰 차이가 납니다. 같은 양의 곡물을 생산하는 데, 후진국 농민 쪽이 오히려 더 많은 비용을 들이고 있습니다. 후진국에서는 아직도 쟁기와 괭이 같은 농기구를 써서 농사를 짓고 있습니다. 소나 말 같은 동물을 이용하는 곳도 많지 않습니다. 그런데 선진국에서는 컴퓨터와 인공위성을 이용하여 씨를 뿌리고 농사짓는 기계가 몇 센티미터의 오차도 없이 움직입니다.

　아프리카와 아마존, 인도네시아에는 화전민들이 많습니다. 이들은 울창한 숲의 나무를 태운 다음 그 땅에 농사를 짓는데, 옥수수 같은 작물을 몇 년 동안 기르고 나면 토지는 더 이상 농사를 지을 수 없게 황폐해집니다. 그러면 화전민들은 그 땅을 버리고 다른 곳으로 가서 같은 일을 반복하는 악순환이 계속되지요. 시간이 지나면서 울창하던 숲은 점점 사라지는 거죠. 여기에 인구가 늘어나면 이들의 앞날에는 불행만 기다리게 됩니다.

나무와 풀이 없는 고원 지대에서 생활하는 농민은 가축을 기를 수 없기 때문에 천연 비료를 얻을 수 없습니다. 물론, 화학 비료를 살 만한 여유도 없지요. 이런 지역에 가뭄이라도 들면 사회 전체가 굶주리게 됩니다. 이렇게 되면 수많은 사람들이 도시로 몰려들어 빈민가를 만들고 그 다음에는 선진국으로 몰려가는 일이 벌어질 수 있습니다.

이처럼 기후 변화는 후진국만의 문제를 넘어 세계 모든 국가 사이에 갈등을 일으킬 수 있습니다. 어떤 일이 벌어질지는 누구도 장담할 수 없지요. 기후 변화를 정확히 예측하기도 어렵지만, 기후 변화 때문에 나타나는 사회·경제적인 문제가 서로 어떤 영향을 줄 것인가를 예측하기는 더욱 어렵습니다."

온난화가 빙하기를 부른다

"기후 변화가 사회·경제적인 갈등을 불러일으킨다? 점입가경이로군."

편집장의 말에 손 기자가 입을 열었다.

"저는 아직도 기후와 관련된 연구 결과를 섣불리 발표하는 것은 혼란만 일으킬 수 있다고 생각하는데요, 취재를 하면서 그런 생각이 더 굳어졌습니다."

"어떤 내용을 취재했는데?"

편집장이 물었다.

"지구 온난화가 계속되면 새로운 빙하기가 온다는 내용입니다."

"아니, 지구가 따뜻해지는데 왜 빙하기가 옵니까?"

김 기자가 고개를 갸우뚱하며 물었다.

"이 지도는 미국의 벤자민 프랭클린이 1770년경 발간한 지도입니

프랭클린 지도 북대서양에는 멕시코 만에서 영국으로 흐르는 따뜻한 해류인 멕시코 만류가 있다. 따라서 멕시코 만류를 타고 가면 영국에서 미국으로 갈 때(B)보다 미국에서 영국으로 갈 때(A) 시간이 더 적게 걸린다.

다. 오래 전에 그려지긴 했지만 멕시코 만류의 흐름이 잘 나타나 있습니다. 프랭클린은 영국에서 미국으로 보내는 우편물이 미국에서 영국으로 보내는 것보다 2주 정도 시간이 더 걸리는 것에 의문을 품었어요. 이때 고래잡이배 선장이었던 프랭클린의 사촌이 미국과 영국 사이에 흐르는 멕시코 만류에 대해 말해 주었습니다. 미국에서 영국으로 갈 때 멕시코 만류의 흐름을 타고 가면 빨리 갈 수 있다는 사실을 이야기했던 것이지요."

"연을 이용해 전기 실험을 한 프랭클린을 말하는 겁니까?"

김 기자의 확인 질문에 손 기자는 가볍게 고개를 끄덕이고는 계속 말했다.

"바닷물은 그냥 고여 있는 것이 아니고 강물처럼 움직입니다. 해류가 있다는 거죠. 해류는 적도 지방의 열에너지를 극지방으로 이동시키는 아주 중요한 역할을 합니다. 예를 들어 멕시코 만류는 적도 부근에서 출발해서 대서양을 가로질러 노르웨이 부근까지 흘러갑니다. 이 따뜻한 해류 때문에 서유럽의 기후가 따뜻한 거고요. 이 바닷물은 노르웨이 부근에 이르면 밑으로 가라앉습니다. 만약 가라앉지 않는다면 멕시코 만류는 계속 흐를 수가 없지요. 이 현상을 쉽게 이해하려면 컨베이어 벨트나, 공항이나 지하철역에서 볼 수 있는 무빙 워크(Moving Walk)를 생각하면 됩니다. 바다 표면에서 흐르는 표층수와 바다 깊은 곳에서 흐르는 심층수가 순환해야 계속 일정하게 흐를 수 있는 거죠. 바닷물이 가라앉는 현상은 바닷물의 밀도 때문에 일어납니다. 멕시코 만류도 따뜻한 적도 지방에 있을 때는 밀도가 작은데 북쪽으로 올라가면서 물의 온도가 내려가면 밀도가 커져 아래로 내려가거든요."

"그런 운동이 빙하기와 어떤 관계가 있죠?"

이 기자가 눈썹을 문지르며 말했다.

"지구가 따뜻해지면 북극 지방에 있던 빙산이 녹아 많은 양의 민물이 노르웨이 부근까지 내려올 거고, 그러면 노르웨이 부근 바닷물의 밀도가 작아지게 됩니다."

"아, 밀도가 작아지니까 바닷물이 가라앉지 못하겠네. 그러면 심층수의 순환이 막히니까 덩달아 표층수의 순환도 멈출 테고."

이 기자가 문지르던 눈썹을 잡아당기며 말했다.

표층 해류와 심층 해류

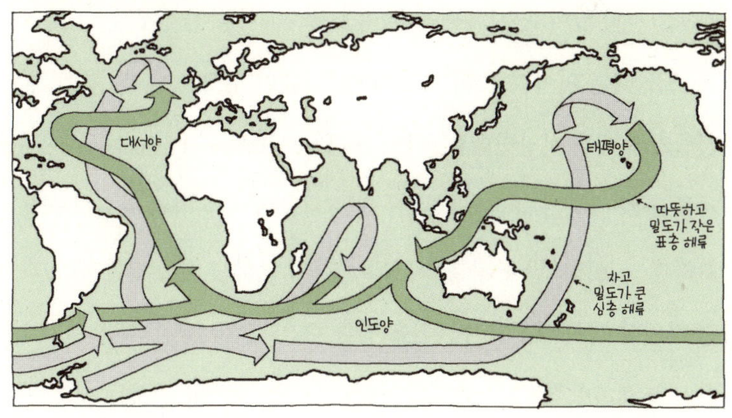

"네. 그래서 결국 적도 지방의 따뜻한 바닷물이 고위도 지방으로 이동하지 못하는 거죠. 그러면 유럽은 추워질 수밖에 없어요. 새로운 빙하기가 오는 거죠. 1만 2000여 년 전에도 멕시코 만류의 흐름이 멈춘 적이 있었습니다. 이때 추위는 1300년 동안이나 계속되었는데, 영국은 여름 기온이 10℃ 이하로 내려가고 겨울 기온은 영하 20℃ 이하로 내려가는 추위에 시달렸습니다. 그리고 녹지 않은 빙산이 포르투갈까지 떠내려왔다고 합니다."

언론의 역할

"그 연구 결과가 혼란을 일으킨다고는 할 수 없을 것 같은데요. 결국 온난화 때문에 기후 변화가 일어나는 거니까."

신 기자의 말에 손 기자는 잠시 머뭇거리다가 다시 말했다.

"조금 다른 이야기를 해 보죠. 과학 기술이 앞으로 얼마나 발달할 것인가에 대한 전망인데요, '나노 테크놀로지(Nano Technology)'는 원자를 옮겨 원하는 물건을 만들어 내는 기술입니다. 아직 완전히 실용화하지는 못했지만 원자를 하나씩 움직여 원하는 것을 만들 수 있다면 자원이 부족해도 여러 물건을 만들 수 있고 해로운 물질은 원자로 다시 분해하면 됩니다. 즉, 원자를 마음대로 움직여 원하는 것을 만들고, 필요하지 않은 원자는 모아 두었다가 다시 사용하거나 원래 상태로 되돌려 놓을 수 있다는 겁니다. 이렇게 되면 이산화탄소를 줄일 수 있고 지구 온난화 문제도 해결할 수 있죠."

"인간은 새로운 것을 발명하는 재주가 있기 때문에 문제가 생기면 그것을 해결하는 방법을 찾아낼 수 있을 겁니다. 그런데 중요한 것은 기술 자체가 아니라 그것의 사용이에요. 기술로 자연을 정복할 수 있다고 생각하는 한, 재능 있는 인간은 되겠지만 지혜로운 인간은 될 수 없습니다."

신 기자는 손 기자의 설명에 짧게 답하고는 편집장을 향해 말했다.

"어제 기후 연구소의 한 연구원과 인터뷰를 했어요. 인터뷰 내용 중 언론의 보도 태도에 대한 이야기가 있었습니다. 그 연구원은 과학자들이 한편으로는 기후가 어떻게 변할지 확실히 알 수 없다고 이야기하면서 다른 한편으로는 온실 기체를 줄여야 한다고 주장하는 것이 이상해 보이지 않느냐고 묻더군요. 그러면서 연구 기관마다 결과에 차이는 있지만 지구의 온도가 올라가는 것만은 틀림없다는 겁니다. 향후 100년 동안 최소 2~3℃ 정도의 온도 상승은 대부분이 동의하는 바라고 합니다. 일반인들에게는 별 느낌이 없겠지만, 과학자들에게는 이 정도의 온도 상승은 새로운 세상이 펼쳐진다는 것을 의미하지요. 하지만 당장 인류의 생존이 걸린 문제는 아닙니다.

그는 언론에서 지구 온난화를 문제화해서 '지구의 종말'이니 하는 제목으로 기사를 만들면 마음이 불편하다고 말하더군요. 사람들이 이런 충격적인 이야기를 많이 듣다 보면 나중에는 무감각해져서 정말 필요한 조치도 취하지 않고 상황을 방치할 수도 있다는 거지요. 그렇게 되면 기후는 더 빨리 변하게 되고, 그 결과 후진국은 정치·사회적 문제에 기후 문제까지 겹쳐져서 매우 큰 고통을 받게 될 것이라고 걱정했습니다. 언론의 일회적이고 선정적인 보도 태도를 걱정하고 나무라면서, 기후 변화는 일단 시작되면 돌이킬 수 없다고 말하더군요."

편집장은 신 기자까지 언론의 보도 태도를 들먹이는 것이 못마땅했다. 편집장 옆에 있던 김 기자가 편집장의 눈치를 살피면서 말했다.

"오늘 강연장에서 몇몇 사람들의 반응을 취재했습니다. 녹음 내용을 들어 보시죠."

"좋아. 우리가 생각하는 것과 일반 사람들이 실제로 느끼는 것이 어느 정도 차이가 나는지 알 수 있겠군."

편집장은 심드렁한 목소리로 말했다.

가장 성공한 생물, 꽃과 곤충

김 기자가 안쪽 주머니에서 녹음기를 꺼내 틀었다. 제일 먼저 카랑카랑한 여자 목소리가 나왔다.

"우리가 환경에 신경을 쓰게 된 것은 경제적인 여유가 생겼기 때문이 아닐까요? 예전에는 먹고사는 게 문제였는데, 먹고사는 문제가 해결되니까 세상일을 모두 고민하고 걱정하게 되었다는 생각이 들어요."

"에, 오늘 강연은 어느 한쪽으로 치우침 없이 균형 잡힌 눈으로 환경 문제를 분석했다고 생각합니다. 환경 문제가 사실은 심각한 수준이 아닌데도 환경 단체나 과학자들이 사람들의 관심을, 그 뭐랄까, 계속 잡아 두기 위해 사실을 부풀린 것은 아닐까 하는 의문을 갖게 되었습니다."

중년 남자의 말이 끝나고 어린 학생의 목소리가 들렸다.

"친구들과 함께 왔어요. 다른 내용은 좀 더 알아봐야겠지만 일단 드는 생각은 환경을 마치 물건처럼 여긴다는 거예요. 왜, 물건을 사거나 팔 때 보면 가진 돈이 얼마인지, 얼마나 이익을 남길 것인지를 생각하잖아요. 강연을 다 듣고 나서 그런 느낌이 들었어요. 그런데 저는 환경은 좀 다르다고 생각해요."

"저도요. 환경 문제는 약자의 편에서 생각해야 돼요. 기후가 변하면 가장 큰 고통을 받는 건 그 사람들이잖아요. 잘사는 나라에서 그냥 있으면 안 되죠. 그런데 온난화를 막는 데 드는 비용으로 후진국의 경제 개발을 도와 주는 것이 더 좋다는 말은 틀린 것 같아요. 당장은 조금 편해지겠지만 결국 큰 피해를 보는 것은 후진국 사람들 아닌가요? 또, 현실적으로 선진국이 후진국의 경제 개발을 도와 줄 거라는 생각도 들지 않아요."

여러 명이 한꺼번에 떠드는 소리 가운데 누군가 크게 외치는 소리가 들렸다.

"강연자가 말한 것처럼, 지구의 온도를 조금 낮추려고 노력하기보다는 먼저 경제를 발전시켜야 한다고 생각해요. 우리의 자원은 무궁무진한 것이 아니잖아요? 효율적으로 사용하는 것이 중요합니다. 어느 곳에 먼저 투자할 것인가를 결정해야 합니다. 경제가 든든하게 밑받침하면 모든 문제가 해결되지 않을까요?"

한 여자가 자신을 가정주부라고 소개하면서 말했다.

"저는 지구 환경이 오늘날만큼이라도 유지되는 것은 환경을 걱정하는 사람들의 노력이 있었기 때문이라고 생각합니다. 강연자의 주장처럼 그 사람들이 문제를 크게 부풀렸다고는 생각하지 않아요. 지구에 사는 생물체를 같은 집단으로 묶어 무게를 재면 가장 무거운 집단은 꽃을 피우는 식물이래요. 그리고 수가 가장 많은 생물은 곤충이고요. 왜 이들이 지구에서 가장 성공한 생물이 된 것일까요? 저는 이들이 서로 돕는 관계를 맺었기 때문이라고 생각해요. 환경 문제도 이런 눈으로 바라보면 안 될까요? 같이 더불어 사는 눈으로 말이죠."

김 기자가 녹음기의 정지 버튼을 눌렀다.

"현장의 분위기는 조금 들떠 있었어요. 마치 환경 문제 해결 방안을 결정하는 자리인 것처럼 말이죠. 그래서 강연 중간에 환호성과 박수 소리가 터져 나오기도 했죠. 저는 강연 내내 환경 문제를 서로 다르게 바라보는 사람들이 토론하는 자리가 있었으면 하는 생각이 들었습니다."

편집장이 말했다.

"음, 그렇다면 이제까지 취재한 내용을 특정한 방향으로 보도하지 말고 찬반 양론으로 보도하도록 하지. 각각의 주장에 대한 합리적인 근거도 제시하고 말이야. 세계 기후 회의에 취재 나간 임 기자의 취재 결과는 그 다음에 시리즈로 묶어서 내놓기로 하지."

7

환경
문제에는
국경이 없다

목장의 비극

어느 마을에 풀이 무성한 공동 목장이 있었다. 마을 사람이면 누구나 돈을 내지 않고 이 목장에서 젖소를 기를 수 있었다. 이 마을에는 30가구가 살고 있는데 집집마다 젖소를 한 마리씩 기르고 있었고, 공동 목장에서 기르기에 적당한 젖소도 30마리였다. 젖소들은 목장의 풍성한 풀을 먹고 여유 있는 공간에서 노닐며 건강하게 자랐고, 마을 사람들은 젖소로부터 질 좋은 우유를 충분히 얻을 수 있었다. 그런데 어느 날 마을의 어느 집에서 젖소를 한 마리 더 기르면 어떨까 하는 생각을 했다.

'젖소를 한 마리 더 기르면 한 마리일 때보다 더 많은 우유를 얻을 수 있을 거야. 젖소가 늘어나니까 그만큼 풀의 양이 적어지겠지만 그 손해는 마을 사람들 모두가 공동으로 부담하게 되고.'

이렇게 계산을 마친 그 집은 머뭇거리지 않고 공동 목장에서 자신의 젖소를 한 마리 더 길렀다. 그러자 이를 눈치 챈 다른 집들도 젖소를 한 마리씩 더 기르기 시작했고, 30마리를 키우기에 적당한 공동 목장에는 순식간에 훨씬 많은 젖소들이 북적대기 시작했다.

시간이 지나면서 공동 목장은 더 이상 풀이 자랄 수 없는 땅으로 변했고, 마침내 공동 목장에 있던 젖소들은 먹을 풀이 없어 모두 죽어 버렸다. 공동 목장은 비극적인 종말을 맞았다.

세계 기후 변화 협약과 협약 의무

　　'세계 기후 회의'가 열리고 있는 카타르 도하의 소피텔 호텔. 임현석 기자는 창 밖으로 보이는 도시와 페르시아 만의 푸른 바다를 바라보고 있었다.

　'어렸을 때 책에서 보았던 아라비아 지역 풍경을 이렇게 가까이에서 보게 되다니. 가만있자, 그게 무슨 책이었더라. 알리바바와 도적들이 나오는 장면이 있었는데. 도적들의 수가…… 하도 오래 전이라 기억이 가물가물하네.'

　임 기자는 탁자에 올려놓은 노트북을 열었다. 화면에 '세계 기후 회의' 취재 일정과 자료가 나타났다.

　'9시 기후 변화 협약 사무국장 인터뷰, 10시 기후 회의 참관, 오후 5

시 한국 대표 인터뷰, 기사 작성. 아, 슬기에게 전자 메일 보내는 것도 잊으면 안 되지.'

임 기자는 '세계 기후 회의' 일정과 기초 자료를 다시 확인했다. 그리고 호텔 로비에 마련된 접견실로 자리를 옮겨 기후 변화 협약 사무국장을 만났다.

"안녕하십니까? 한국에서 온 임현석 기자입니다. 시간을 내주셔서 감사합니다. 먼저, 기후 변화 협약에 대해서 설명해 주십시오."

"반갑습니다. 지구 환경 문제는 최근에 갑자기 등장한 문제는 아닙니다. 1960년대에 유럽에서는 인간의 산업 활동으로 자연 환경과 생태계가 심각하게 파괴되는 현실을 걱정하기 시작했습니다. 인류가 사용할 수 있는 자원이 점점 줄어들고 있다는 위기감을 느끼며, 인간과 환경의 관계에 대해 논의하기 시작했어요.

1980년대에 세계 여러 곳에서 이상 기후가 나타나면서 지구 온난화에 대한 논쟁은 더욱 활발해졌습니다. 1988년에는 지구 온난화를 과학적으로 연구하기 위해 여러 나라의 과학자들이 모여서 IPCC 즉, 기후 변화에 관한 정부간 협의체를 만들었습니다. 오늘날 기후 변화에 대한 정책을 수립할 때 근거로 삼는 가장 기본적인 자료는 이 기구에서 발표한 것들입니다.

지구 환경에 대해 많은 국가가 관심을 갖고 정치적 합의를 한 것은 1992년 브라질 리우데자네이루에서 열린 지구 정상 회의였어요. 이

회의에서 기후 변화 문제는 가장 중요한 회의 주제였습니다. 이때 채택한 국제법이 기후 변화 협약입니다. 한국은 1993년에 마흔일곱 번째로 가입했지요."

"협약에 가입한 국가들은 어떤 의무를 지나요?"

"기후 변화 협약에는 모든 국가가 지켜야 하는 공통 의무 사항과 일부 국가만 부담하는 특정 의무 사항이 있습니다. 이처럼 두 가지로 나눈 것은 온실 기체 배출에 대한 선진국의 책임이 크기 때문입니다. 공통 의무 사항은 모든 국가가 온실 기체 배출을 줄이기 위한 전략을 세워 실천하고, 그 결과를 보고서로 제출하는 것입니다. 특정 의무 사항은 선진국과 개발도상국으로 나누어 각각 다른 수준의 의무를 수행하도록 한 것인데, 선진국은 온실 기체 배출량을 1990년 수준보다 최소 5% 줄이도록 했습니다. 물론, 나라마다 그 비율은 다릅니다. 이런 의무를 갖는 선진 국가를 '부속서 I(Annex I) 국가'라고 합니다.

한국은 현재 이러한 의무를 지지 않는 나라로 되어 있어 보고서 제출과 같은 공통 의무 사항만 지키면 됩니다. 하지만, 제가 생각하기에 한국은 경제 개발 협력 기구인 OECD에 가입한 데다 이산화탄소 배출량이 2011년 기준 세계 7위이기 때문에, 다른 선진국이 자신들과 똑같은 의무를 분담하라고 요구하면 거부하기 어려울 것 같습니다. 현재 OECD에 가입한 국가 중에서 부속서 I에 포함되지 않은 나라는 한국과 멕시코 두 나라뿐입니다."

 **리우 지구 정상 회의** 1992년 브라질 리우데자네이루에서 세계 114개국 정상들이 참여하여 지구 환경 보전 문제를 논의하였다. 정식 명칭은 환경 및 개발에 관한 국제 연합 회의(UNCED)이다.

교토 의정서의 효력

"교토 의정서에 대해서 설명해 주시겠습니까?"

"협약은 국제법입니다. 한 국가의 법률에 해당하지요. 법률은 구체적인 시행령이 없으면 아무런 소용이 없습니다. 그와 마찬가지로, 기후 변화 협약의 목적을 이루기 위해서는 가입한 국가들이 구체적으로 실천할 내용을 마련해야 합니다. 그 문서를 의정서라고 하는데, 1997년 일본 교토에서 채택되었기 때문에 흔히 교토 의정서라고 부릅니다.

교토 의정서에서 가장 중요한 내용은 부속서 I 국가들을 중심으로 1차 의무 기간인 2008~2012년에 온실 기체 배출량을 1990년 기준으로 평균 5.2% 줄이는 것입니다."

"교토 의정서의 효력이 발휘되기까지의 과정이 쉽지 않았다고 알고 있습니다. 어떤 어려움이 있었던 거죠?"

"교토 의정서가 효력을 발휘하려면 우선 55개 이상의 국가가 비준서를 맡겨야 합니다. 그 다음, 비준서를 맡긴 부속서 I 국가들의 온실 기체 배출량의 합이 전체 부속서 I 국가들의 1990년 기준 온실 기체 배출량의 55% 이상을 차지해야 합니다. 이런 조건을 만족하는 날로부터 90일이 지나면 공식적으로 효력을 갖게 됩니다. 그런데 2003년 9월 기준으로 119개국이 비준을 했는데 비준서를 맡긴 부속서 I 국가들의 온실 기체 배출량의 합은 약 44% 수준이었습니다."

"119개국이나 비준을 했는데 어떻게 온실 기체 배출량의 합이 44% 수준인거죠?"

"하하하. 부속서 I 국가들 중에서 온실 기체를 가장 많이 내보내는 국가가 어디인지 아십니까?"

"미국 아닌가요?"

"네, 맞습니다. 그런데 미국은 아직도 의정서를 비준하지 않았어요. 대부분의 나라에서 의정서를 비준했는데도 말이지요."

"결국 의정서의 효력은 미국의 태도에 달려 있었던 셈이네요."

“네. 미국은 의정서를 실천하지 않겠다고 일방적으로 선언했습니다. 정말 충격적인 일이었지요. 그때까지 미국은 유럽 연합과 지구 환경 정책에 대해 의견을 같이해 왔습니다. 그런데 갑자기 교토 의정서를 받아들이지 못하겠다면서 지구 온난화 문제에 대응할 새로운 방도를 찾겠다고 했습니다. 국가 간의 외교 관례에도 크게 어긋나는 무례한 행위였지요. 미국의 태도는 기후 변화 협약을 실천하는 데 굉장히 중요한 역할을 합니다. 미국은 1990년 기준으로 온실 기체 배출량의 36%를 차지하고 있었으니까요.”

“그런데 교토 의정서는 2005년에 효력이 발휘되지 않았습니까? 어떤 과정이 있었던 거죠?”

“러시아의 태도 변화가 아주 중요한 역할을 했습니다. 오늘 진행될 회의를 잘 이해하기 위해서는 그 당시 각 나라의 입장을 알아두는 것이 좋을 듯합니다. 준비된 자료가 있으니 빔 프로젝트로 같이 보시죠.”

국가 이익이 먼저다

사무국장이 빔 프로젝트의 스위치를 누르자 러시아 환경 장관이 연설하고 있었다.

“먼저, 러시아는 기후 변화에 대한 IPCC의 연구 결과를 전적으로 믿을 수는 없다는 말씀을 드립니다. 우리나라 과학 아카데미 학자들은 현재 사용하고 있는 기후 예측 모형이 온난화 정도를 지나치게 높게 평가하고 있으며, 산업 활동에 따른 온실 기체의 배출이 온난화의 주범이라는 명확한 증거가 없다고 판단하고 있습니다. 따라서, 앞으로 기후 변화에 대한 과학적 근거를 확실히 하기 위한 노력이 더욱 필요하다고 생각합니다.

이에 따라 러시아는 현재 교토 의정서 비준에 대한 검토를 진행 하고 있다는 것을 밝히며, 비준 여부는 러시아의 국가 이익을 생각하여 결정할 것입니다. 교토 의정서가 각 나라의 경제와 사회 발전을 방해해서는 안 되기 때문입니다.

특히, 온실 기체를 가장 많이 방출하는 미국이 참여하지 않고 있는 불공평한 현실에서 러시아가 의정서 비준을 서두를 필요는 없다고 생각합니다. 러시아는 앞으로 10년 이내에 국내 총생산을 두 배로 높이기 위한 경제 정책을 추진하고 있습니다. 러시아가 온실 기체 발생량을 의무적으로 줄이는 데 드는 비용은 국내 총생산의 4~5% 수준에 이를 것으로 예상됩니다. 이 정도의 비용이라면 차라리 국민이 안전하게 물을 마실 수 있도록 하거나 가난을 벗어나도록 하는 데 사용하는 편이 더 효과적이라고 판단합니다."

러시아 환경 장관의 연설이 끝나고, 이어 유럽 연합 의장이 소개되었다. 유럽 연합 환경 위원장의 연설이 시작되었다.

"유럽 연합은 온난화 문제를 인류의 생존 문제로 생각하고 있습니다. 우리는 일찍부터 산업을 발달시키면서 환경 파괴에 따른 고통을 겪었습니다. 유럽 연합은 그동안 있었던 온실 기체 배출에 대한 책임을 인정하고 있습니다. 따라서 온실 기체를 줄이기 위해 어떤 국가와도 적극적으로 협상해 왔으며 협상할 준비가 되어 있습니다. 우리는 오래 전부터 풍력과 같은 대체 에너지를 개발하기 위해 많은 돈을 투자하고 있으며, 화석 연료 사용을 줄이는 데 앞장서고 있습니다.

러시아가 여러 가지 이유를 들어 교토 의정서 비준을 늦추는 것은 바람직하지 않습니다. 특히, 온난화의 과학적 근거를 명확히 할 필요가 있다는 말은 하나의 구실일 뿐이라고 생각합니다. 차라리 러시아의 경제 성장에 걸림돌이 된다든가 다른 국가들로부터의 지원 유혹에서 벗어나지 못하고 있다고 솔직하게 고백하십시오. 인류의 활동으로 배출된 온실 기체가 기후 변화의 원인이 되며 이것이 인류의 생존과 생태계에 심각한 영향을 주고 있다는 사실은 오랜 시간을 통해 이미 국제적으로 합의된 내용이기 때문입니다.

러시아의 태도 변화에도 불구하고, 유럽 연합은 러시아와 협력 관계를 계속 유지할 것을 희망합니다. 또한, 러시아가 의정서를 비준하면 배출권 거래 등을 통해 기술 지원과 투자를 아끼지 않을 것임을 밝힙니다."

"아니, 러시아가 왜 태도를 바꾼 거죠? 의정서 비준에 상당히 긍정적인 태도를 가지고 있었던 걸로 알았는데요."

임 기자는 예상치 못했던 연설 내용에 놀라며 사무국장에게 물었다. 사무국장은 스위치를 눌러 빔 프로젝트를 정지시켰다.

"그래요. 러시아는 2002년에는 비준하겠다고 했었어요. 그리고 미국이 의정서를 받아들이지 않겠다고 했을 때도 미국을 강하게 비난했고요. 그런데 세계정세가 바뀌자 생각이 달라진 것이지요. 러시아의 온실 기체 배출량은 전 세계 온실 기체 배출량의 17%를 차지하고 있었습니다. 러시아는 앞으로 의정서 발효의 열쇠를 쥐게 되었다는 조건을 이용해서, 비준 시기를 유럽 연합의 경제적 지원과 연결하여 결정하려는 의도를 갖고 있었던 것 같아요. 또 러시아가 의정서를 비준하면 러시아 역시 온실 기체를 줄여야 하는 부담을 질 수밖에 없는데, 그렇게 되면 연설에서 말한 경제 성장 목표를 이루는 데 방해가 될 거라는 판단을 한 거예요. 이처럼 기후 변화 협약에 가입한 국가들은 자기 나라의 이익을 앞세우고 있어요. 그 과정에서 합의를 이끌어내는 것이 우리의 역할이에요. 결국 러시아는 2005년에 교토 의정서를 비준하겠다고 발표했어요. 미국의 비준 없이도 교토 의정서가 효력을 발휘할 수 있게 된 거지요."

"정말 기쁘셨겠습니다."

"네. 정말 반가운 소식이었습니다. 러시아의 동참에 유럽 연합은 '승리'라는 표현을 사용하며 전폭적인 환영과 지지 의사를 표시했습니

다. 유럽 연합 환경 위원장은 러시아의 비준 계획 발표가 있던 날 '오
늘은 유럽과 나에게 정말 행복한 날'이라며 반겼습니다. 하지만, 미
국은 러시아 정부의 결정에 대해 논평을 하지 않은 채 교토 의정서에
대한 미국의 입장은 변하지 않았으며 지금의 교토 의정서는 미국에
바람직하지 않다고 생각한다며 불편한 심기를 나타냈습니다. 다음
은 개발도상국의 입장을 들어보시죠."

사무국장은 다시 스위치를 눌러 빔 프로젝트를 작동시켰다.

개발도상국의 권리와 의무

유럽 연합 환경 위원장의 연설이 끝나자 우레와 같
은 박수 소리가 회의장을 울렸다. 그 다음에 인도 환경 장관의 연설
이 시작되었다.

"현재 각 나라에서 배출할 수 있는 온실 기체 허용량은 국가가 방
출하는 전체 양으로 정하고 있습니다. 그러나 이는 매우 불공평한 방
식입니다. 허용 기준을 각 나라의 인구 한 명이 배출하는 온실 기체
의 양으로 바꾸어야 한다고 생각합니다. 산업이 어떻게 발달해 왔는
가를 살펴보면 이런 방법의 정당성을 누구나 받아들일 수밖에 없습
니다. 그동안 대기 중에 배출된 온실 기체는 대부분 선진국에서 나온

것이기 때문입니다. 유럽은 석탄을 태워 산업 혁명을 통해 부자가 되었습니다. 또, 그 부를 이용해 식민지를 만들어 엄청난 부를 쌓은 것 아닙니까?

구체적인 수치를 제시하겠습니다. 1900년부터 1990년까지 미국 국민 한 사람이 배출한 온실 기체를 모두 합치면 1000ton이 넘습니다. 그런데 인도의 경우는 겨우 24ton에 지나지 않습니다. 그런데 이제 와서 인도 농민이 농사짓는 논에서 나오는 메테인 가스와 대중교통을 이용할 생각조차 않는 미국인이 타고 다니는 자동차에서 나오는 이산화탄소를 같은 것으로 다룬다는 건 말도 안 됩니다. 불공평할 뿐 아니라 도덕적으로도 받아들일 수 없습니다.

지구 온난화에 가장 큰 영향을 끼친 것은 현재 잘살고 있는 국가들이고, 그로 인해 피해를 입는 것은 주로 개발도상국입니다. 해수면이 상승하면 인도 가까이에 있는 방글라데시는 더 이상 사람이 살 수 없는 지역이 되고 맙니다. 농작물뿐 아니라 사람을 비롯한 많은 동식물의 기상 변화에 대한 적응력이 떨어지기 때문에 그 피해는 말할 수 없을 정도로 커질 것입니다. 이런 현실을 볼 때, 선진국이 온실 기체를 줄이기 위한 노력과 책임을 다해야 한다고 생각합니다."

인도 환경 장관의 연설이 끝나자 사무국장은 나지막이 말했다.

"개발도상국은 1차 의무 기간 동안 이산화탄소 감축이 면제될 뿐 아니라 선진국의 자본과 기술 원조를 받을 기회가 주어집니다. 1차 의무 기간이 끝나면 2013년부터 2017년까지 2차 의무 기간이 있어요. 이때는 더 많은 나라가 이산화탄소 감축 의무를 지게 되지요. 만약 그때까지 화석 연료를 대신할 수 있는 에너지가 싼 가격에 공급되지 않으면 개발도상국의 화석 연료 사용은 대폭 증가할 것입니다. 그때 가서 중국과 인도처럼 화석 연료를 많이 소비하는 나라들이 순순히 국제 여론에 따를 것인지 아니면 미국처럼 참여할 수 없다고 달아날지는 아무도 예측할 수 없는 일입니다.”

“누구나 인류의 평화와 안전을 거론하다가도 막상 자신이 의무를 져야 하는 상황이 되면 태도가 달라지는군요.”

임 기자의 말을 듣고 사무국장이 말했다.

“한국도 의무를 지는 데 적극적이지 않아요. 한국은 현재 온실 기체 배출량이 세계 7위에요. 그렇지만 OECD에 늦게 가입했기 때문에 의무적으로 온실 기체를 줄여야 하는 부속서 I 국가에 포함되어 있지 않습니다. 하지만 앞으로는 사정이 달라질 것입니다. 왜냐하면, 한국은 OECD 국가 중에서 온실 기체의 배출을 제한받지 않는 나라이면서 전 세계에서 온실 기체 배출 증가율이 비교적 높은 나라 중 하나이기 때문입니다. 이대로 가면 머지않아 한국은 미국, 일본, 독일 같은 선진국과 러시아, 중국, 인도 같은 인구가 많은 국가 다음으로 온실 기체 배출량이 많은 나라가 될 것입니다. 이런 상황에서 선진국이 개발도상국에도 온실 기체를 줄이라고 요구하는 시점이 오면 한국은 선진국의 첫 번째 목표물이 될 가능성이 큽니다. 그런데 한국 정부는 2018년부터 시작되는 3차 의무 기간에서나 온실 기체를 줄일 계획을 가지고 국제 협상에 임하고 있습니다."

온실 기체를 줄이기 위한 제도

"국제 사회에서 온실 기체를 줄이기 위해 시행하는 제도에는 어떤 것들이 있습니까?"

"자, 이 자료를 보세요. 교토 의정서에 따라 유럽 연합(EU)이 부담해야 할 8% 감축 목표를 유럽 연합 소속 15개 국가가 공동으로 달성한다는 합의 내용입니다. 교토 의정서 제4조에는 이처럼 국가간 연합을 통해 공동으로 감축 목표를 달성하는 것을 허용하고 있습니다. 그리고 교토 의정서에서는 선진국이 온실 기체를 줄이는 일을 상황에 따라 대처할 수 있도록 제6조에 공동 이행 제도, 제12조에 청정 개발 체제, 제17조에 배출권 거래제 등을 규정해 두었습니다."

"제6조와 12조, 17조에 대해서도 더 구체적으로 설명해 주시겠습니까?"

"공동 이행 제도는 선진국끼리 온실 기체를 줄이는 사업을 벌이는 제도입니다. 한 국가가 다른 국가에 투자하여 온실 기체를 줄이면 그 줄어든 양의 일부분을 투자한 나라의 실적으로 인정합니다. 이 제도는 유럽 연합과 동유럽 사이에서 추진하려 하고 있습니다.

청정 개발 체제는 선진국이 개발도상국에 투자해 온실 기체를 줄이는 사업을 벌일 경우 그 실적의 일부를 투자국의 실적으로 인정해 주는 제도입니다. 선진국은 자기 나라에서 배출되는 온실 기체의 양을 줄이지 않아도 되고 개발도상국은 선진국으로부터 돈과 기술을 얻을 수 있습니다.

배출권 거래 제도는 부속서 I 국가가 부담할 양을 초과 달성했을

유럽 연합의 국가별 분담 내용

구분	비율(1990년 배출량 대비)	국가
감축	6.0%	네덜란드
	6.5%	이탈리아
	7.5%	벨기에
	12.5%	영국
	13.0%	오스트리아
	21.0%	독일, 덴마크
	28.0%	룩셈부르크
동일	0.0%	프랑스, 핀란드
증가	4.0%	스웨덴
	13.0%	아일랜드
	15.0%	스페인
	25.0%	그리스
	27.0%	포르투갈

때 그 초과량을 다른 부속서 I 국가와 거래할 수 있도록 한 것입니다.

즉, 온실 기체 배출권을 일반 상품처럼 사고팔 수 있게 한 것이지요.

이 제도를 시행하면 각 나라는 온실 기체 배출량을 최대한 줄인 다음

배출권을 팔아서 이익을 얻을 수 있습니다. 또, 배출량을 줄이는 데

비용이 많이 드는 국가는 그보다 비용이 적게 드는 배출권을 사서 비

용을 줄일 수도 있습니다. 전체적으로 보면 각 나라의 사정에 따라

온실 기체를 줄이는 데 드는 비용을 가장 적게 할 수 있는 길을 열어

준 것이지요. 이러한 여러 제도에는 아직도 기술적으로 해결하거나

조정해야 할 많은 문제가 있습니다. 가장 합리적인 방법을 마련하기

위해 회의 때마다 논의하고 있는 실정입니다. 자. 이제 회의에 들어

갑시다."

2012년 제18차 유엔기후변화협약

위기의 교토 의정서, 지구의 위기

2012년 카타르 도하에서 열린 제18차 유엔기후변화협약
(UNFCCC) 당사국 총회에 참석한 195개국은 교토 의정서의
효력을 2020년까지 연장하기로 했다. 1997년 채택된 교토 의

정서는 기후변화협약에 규정된 '공통의 그러나 차별화된 책임'에 따라 대기 중 온실 기체 농도 증가에 대해 책임이 큰 선진국에게 온실 기체 감축 의무를 지우고 있다. 선진국은 2008년부터 2012년 말까지 5년간 온실 기체 배출량을 1990년도를 기준으로 평균 5% 정도 줄이는 의무를 수행해왔지만, 2013년부터 시작돼야 하는 2차 의무 기간에 대한 합의는 몇 년째 이루지 못하고 있다.

이번 회의에 참가한 195개 국가는 2차 의무기간인 2020년까지 온실 기체를 1990년도 배출량을 기준으로 25~40% 줄이자는 큰 틀에 대해서는 합의를 했다. 유럽연합과 오스트레일리아, 스위스, 우크라이나 등 34개국은 2020년까지 1990년도를 기준으로 0.5~20%의 온실 기체를 줄이기로 했다. 그러나 이들 국가의 온실 기체 배출량을 모두 합쳐도 전 세계 온실 기체 배출량의 15%에 불과하다.

유명무실해지는 교토 의정서

이산화탄소 기준으로 온실 기체 배출량 세계 1위인 중국과 3위인 인도는 교토 의정서를 비준할 때 개발도상국으로 분류돼 이산화탄소 감축 의무가 없는 국가이다. 중국과 인도는 2

차 의무 기간에도 이를 유지하겠다고 발표했다. 또 온실 기체 배출량 세계 2위인 미국은 2001년 국내법에 문제가 있다는 이유로 교토 의정서 자체를 비준하지 않았다. 결과적으로 가장 많은 온실 기체를 배출하는 중국과 미국은 1차 의무 기간부터 온실 기체 배출량을 의무적으로 줄일 필요가 없었다. 미국은 의정서를 비준하지 않았고 중국은 개발도상국으로 분류돼 온실 기체를 줄일 의무가 없는 상황이기 때문이다. 이 때문에 2008년부터 5년간 온실 기체를 줄이는 의무를 수행한 국가들은 불공평하다는 불만을 갖게 되어, 온실 기체 배출량 4위인 러시아와 5위인 일본, 그리고 캐나다와 뉴질랜드는 2차 의무 기간에는 온실 기체 감축 의무를 따르지 않겠다고 발표했다.

또, 개발도상국과 선진국은 기후 변화에 대응하는 데 필요한 비용 문제를 두고 총회 막판까지 평행선 위를 달렸다. 선진국은 매년 지원금을 늘려 2020년부터 한 해에 1천억 달러를 모으기로 2010년 총회에서 약속했다. 하지만 지원금의 분담 방식과 조달 방법에 대한 합의는 이루지 못한 채 2013년에 구체적으로 논의하기로 했다.

이산화탄소 배출량 세계 7위 대한민국

이번 총회에서 합의된 내용에 따라 우리나라 역시 온실 기체를 줄이는 계획을 서둘러야 하는 상황이 되었다. 우리나라는 2020년까지 온실 기체를 30% 줄이겠다고 국제 사회에 약속했지만 실제 배출량은 매년 늘어나는 추세이다. 2011년 기준으로 온실 기체 배출량은 세계 7위이고, 배출 증가율 역시 세계에서 가장 높은 몇몇 국가 중의 하나이다. 여러 선진국이 교토 의정서에 등을 돌리고 있는 이유 중의 하나가 한국과 같이 온실 기체 배출량이 많으면서 배출량을 줄이는 의무는 지지 않는 나라 때문에 체제의 효율성이 떨어진다는 것이었다. 이 때문에 새 기후 체제에서는 우리나라가 의무적으로 온실 기체를 줄이는 국가에 포함될 가능성이 크고, 국제 사회의 압박은 더욱 강해질 것으로 예상된다.

슬기에게 보내는 메시지

호텔로 돌아온 임 기자는 기사를 작성해서 신문사로 보내고, 슬기에게 전자 메일을 썼다.

"사랑하는 슬기에게.

아빠는 동화 속의 나라인 줄로만 알았던 이곳에서 동화가 아닌 현실의 문제를 생생하게 지켜보고 있단다. 지금 진행 중인 국제 협상에서는 환경 파괴에 대한 책임과 고통 분담 문제, 그리고 누가 오염시키고 있는가와 누가 오염시켰는가를 둘러싸고 여러 나라가 치열한 논쟁을 벌이면서 의견 대립을 보이고 있단다.

이제 우리나라도 기후 변화 협약에 대한 입장과 태도를 결정할 때가 된 것 같다. 이곳에서 이야기들을 듣다 보니 산업계에 부담이 될 거라는 이유로 이리저리 미루다가 나중에 그 큰 부담을 어떻게 떠안을지 걱정이 되는구나.

아빠는 인류가 자연과 어떻게 관계를 맺어야 하는지 아직 확신하지 못하고 있단다. 하지만 다음 세대인 너희가 건강하게 살아갈 수 있는 세상을 만들어야 한다며 세계 곳곳에서 문제 해결을 위해 실천하는 사람들을 보며 큰 감동을 받았다.

세계 기후 회의 진행 과정과 내용을 간단하게 정리해서 보낸다. 너희 모의 총회 준비에 도움이 되었으면 좋겠다.

너만 생각하면 아빠는 한없이 행복해진다. 안녕."

8

영원한
푸른 행성을
위해

세상을 바꾸려면 우리가 변해야 한다

어느 날 아침, 네루는 얼굴과 손을 씻고 있는 간디에게 물병에 든 물을 따라

주며 인도의 여러 문제를 이야기하기 시작했다. 이야기에 너무 몰두했던 탓

에, 간디는 자신이 얼굴을 씻고 있다는 것을 잊어버렸다. 그래서 세수가 다

끝나지도 않았는데 물병이 비었다.

"얼굴도 씻지 않았는데 준비한 물을 다 써 버렸다는 말인가? 낭비했군. 매

일 아침 한 병밖에는 사용하지 않았는데."

간디의 눈에는 눈물까지 고였다.

"왜 우십니까? 이 근처에는 큰 강이 세 개나 흐르기 때문에 물 걱정은 하실

필요가 없습니다."

"자네 말처럼 이곳에는 큰 강이 세 개나 있지. 그렇지만 내가 매일 아침 얼

굴을 씻는 데 써도 좋은 물은 단 한 병뿐일세."

어느 날, 한 부인이 간디를 찾아왔다.

"아들이 설탕을 너무 많이 먹어서 건강이 걱정돼요. 설탕은 몸에 나쁘니 먹지 말라고 말씀해 주세요. 그 애는 선생님을 무척 존경하고 있답니다."

간디는 잠깐 생각하더니 2주일 후에 아들을 데리고 오라고 부인에게 말했다. 2주일 뒤, 간디는 부인과 함께 찾아온 소년에게 설탕을 먹지 말라고 타일렀고, 소년은 간디의 말을 순순히 따랐다. 소년의 어머니가 간디에게 물었다.

"감사합니다, 선생님. 그런데 어째서 2주일 후에 오라고 하셨습니까?"

"부인, 제가 설탕을 끊는 데 2주일이 필요했거든요."

지구 사랑법 모의 총회

슬기네 반 교실. 학생들이 책상을 둥글게 배열해 놓고 앉아 있었다. '지구 온난화 모의 총회'가 시작되었다.

"안녕하세요? 지구 온난화 문제를 알아보기 위해 저희 반은 지난 한 달 동안 여러 가지 활동을 벌였습니다. 도서관과 연구소를 찾아가기도 하고 지구 온난화 강연을 듣기도 했습니다. 또, 여러 기관에 궁금한 점을 문의하기도 했습니다. 저희는 모의 총회를 준비하면서 현재의 지구 환경을 되돌아보며 왜 자연과 함께해야 하는가, 자연과 어떻게 함께할 것인가에 대해 많이 생각하게 되었습니다. 오늘 발표할 내용은 이런 생각들의 결과를 담은 저희의 '지구 사랑법'입니다."

경아가 반 친구들에게 따스한 눈길을 던지며 말문을 열었다.

한반도의 생태계 변화

　　　　"지구 온난화 때문에 나타나는 현상을 먼 나라에서 찾을 필요는 없습니다. 우리나라에서도 여러 현상이 나타나고 있기 때문입니다. 요즘 울릉도 농민들은 꿩 때문에 애를 먹고 있다고 합니다. 농민들이 애써 키운 콩이나 배추를 꿩이 파먹기 때문입니다. 원래 울릉도에는 꿩이 없었습니다. 겨울에 눈이 많이 내리기 때문에 먹이가 눈에 덮여 먹이를 구하기가 어려웠기 때문이지요. 그런데 지구 온난화로 울릉도에 내리는 눈의 양이 줄어들면서 상황이 달라졌습니다. 지표면의 온도가 높아지면서 내린 눈도 곧 녹아 버리기 때문에 겨울에도 쉽게 먹이를 구할 수 있게 되어 꿩이 살 수 있게 된 것입니다.

　제비는 겨울에 따뜻한 남쪽 나라 즉, 동남아시아 지역으로 갔다가 봄에 우리나라를 찾는 철새입니다. 그런데 제비가 우리나라에 머무는 기간이 점점 길어지고 있습니다. 아예 강남으로 가지 않는 제비까지 생길 정도입니다. 제주도를 찾는 제비는 예전에는 3월경에 찾아오고 10월경에 떠났는데, 요즈음엔 2월경에 찾아와 11월이나 12월에 떠납니다."

　"그 제비는 이젠 더 이상 강남 제비가 아니네요."

　지우가 장난기 어린 표정을 지으며 말했다.

"그렇지요. 황로도 마찬가지입니다. 황로는 여름 철새인데 겨울에 날아가지 않고 우리나라에 머무는 경우도 있다고 합니다. 온난화로 인해 한반도의 조류 생태계가 변하고 있다는 것을 말해 주는 증거이지요."

경아가 터져 나오는 웃음을 참으며 말했다.

"온난화의 영향은 어부들이 잡는 물고기를 보아도 알 수 있습니다. 따뜻한 바닷물에 사는 멸치가 예전에는 주로 가을에 잡혔는데 요즘에는 1년 내내 잡힙니다. 그렇지만 찬 바닷물에 사는 명태 같은 물고기는 점점 사라지고 있습니다.

식물도 기후 온난화의 영향을 받고 있는데, 그 대표적인 예는 사과입니다. 사과나무는 연평균 기온이 13℃보다 높은 곳에서 자랍니다. 그래서 예전에는 대구를 중심으로 많이 재배했으나 재배 지역이 점차 북쪽으로 올라오고 있습니다. 또 다른 예로 대나무가 있습니다. 대나무는 1월 평균 기온이 영하 2℃ 이하로 내려가지 않는 곳에서 자랍니다. 그래서 남부 지방인 담양에서나 볼 수 있었던 크고 굵은 대나무를 요즈음에는 서울과 경기도에서도 볼 수 있습니다. 이런 생태계의 변화가 우리에게 주는 메시지는 과연 무엇일까요?"

지속 가능한 개발

경아 맞은편에 앉아 있던 민수가 가방에서 플라스틱 부메랑을 꺼내 들고 말했다.

"국제 사회는 지구 온난화를 논의하면서 '지속 가능한 개발'이라는 중요한 개념을 정리했습니다. '지속 가능한 개발'은 자연이 스스로 회복할 수 없을 정도로 자연을 이용하지 않는다는 실천 의지를 표현하고 있습니다. 다음 세대도 현재 우리가 누리는 만큼 안전하고 건강하게 살 권리가 있습니다. 따라서, 우리는 자원을 보전하고 자연이 파괴되는 것을 막을 의무가 있습니다.

'지속 가능한 개발'은 다음 세대가 필요로 하는 것을 훼손하지 않으면서 현재 필요한 개발을 하는 것으로 정의할 수 있습니다. 다음 세대의 삶을 희생시키면서 우리의 욕심을 채워서는 안 됩니다.

특히 가난한 사람들을 먼저 배려해야 합니다. 그리고 현재의 기술 수준과 사회 구조는 인류가 요구하는 모든 것을 만족시킬 수 없다는 점을 받아들여야 합니다. 그래서 새로운 가치 기준을 만들어야 합니다. 예를 들어 자동차 배기 가스를 절반으로 줄이는 것 자체는 멋진 일이지만, 배기 가스가 절반으로 줄어든 대신 도로를 달리는 자동차 수가 두 배로 늘어난다면 결과는 마찬가지입니다. 결국, 환경 문제는 첨단 기술과 새로운 가치관이 결합해야 해결의 실마리를 찾을 수 있습니다.

  인간과 환경은 결코 떨어져 있을 수 없기 때문에, 인류가 환경에 끼친 영향은 반드시 인류에게 되돌아옵니다. 부메랑을 던지면 되돌아오는 것과 같습니다. 환경 문제는 환경을 자기 몸처럼 대할 때에만 해결할 수 있습니다. 우리의 미래는 우리가 자연과 조화를 이루며 서로 협조하는 방법을 배우느냐 아니냐에 달려 있습니다."

  이야기를 마친 민수는 왼손으로 부메랑을 가볍게 던진 다음 돌아오는 부메랑을 오른손으로 잡았다. 학생들은 "와!" 하며 함성을 질렀다. 옆자리에 있던 슬기가 자리에서 일어섰다.

하나 되는 세계를 위해

        "교토 의정서는 국제 협정을 통해 전 세계의 이산화탄소 배출량을 줄이려는 최초의 시도였습니다. 교토 의정서에서는 이산화탄소 증가에 일차적인 책임이 있는 선진국은 2008년부터 2012년까지 이산화탄소 배출량을 1990년 기준으로 5.2% 줄이게 한 반면, 개발도상국의 이산화탄소 배출에는 제한을 두지 않고 있습니다. 이 정도의 노력만으로는 기후 변화를 막을 수 없습니다. 교토 의정서에 기재된 협정 사항을 잘 지킨다 하더라도 대기 중 이산화탄소 농도는 0.4% 정도만 줄어들기 때문입니다. 게다가 교토 의정서는 각 나라의 경제적 이익을 위해 배출권 거래를 인정하는 제도나, 나무를 잘 가꾸어 이산화탄소를 흡수하게 한 나라에는 감축량을 줄여 주는 제도처럼, 감축 의무를 덜어 주는 방법을 찾는 데 집중되어 있습니다. 이런 상황에서는 실제로 온실 기체를 줄이지 않고도 각 나라가 부담하기로 한 감축량을 해결할 수 있습니다.

　기후 변화 협약은 온실 기체를 줄이기 위해 교토 의정서를 채택하며 힘차게 출발했지만, 여러 나라의 경제적 이해관계 때문에 실질적으로 온실 기체를 크게 줄이지는 못한 채 험난한 길을 걸어왔습니다. 석유 생산국과 석유 산업체는 총회 때마다 협약의 진행을 방해했고, 미국은 기후 변화 협약의 결실인 교토 의정서를 따르지 않겠다는 선언까지 했습니다. 기후 변화 협상이 시작된 지 10여 년이 지났지만, 기후 변화 협약은 진정으로 기후 변화를 막기 어려울 정도로 누더기가 되었습니다. 국제 사회는 아직 지구 전체를 생각하기보다는 자신이 먹을 빵의 양에만 관심이 있습니다. 기후 문제를 해결하기 위한 국제회의는 환경 문제에서 지구는 하나라는 것을 알게 해 주었지만, 정치 문제에서는 아직 하나가 아니라는 사실도 확인시켜 주었습니다."

　슬기는 잠시 목소리를 가다듬고 나서 말했다.

　"개발도상국의 산업과 도시가 발달하면서 개발도상국에서 나오는 온실 기체의 양도 크게 증가하고 있습니다. 유럽과 미국에서 석탄을 이용해 산업화가 활발히 이루어졌을 때 세계 인구는 고작 20억 명이 었습니다. 오늘날에는 인도와 중국의 인구만 해도 20억 명이 넘습니다. 그런데 이들 나라에서 산업을 발달시키면서 값싸고 풍부한 석탄을 사용한다면 그 영향은 과거보다 훨씬 클 것입니다. 중국은 지금 세계에서 첫 번째로 온실 기체를 많이 배출하는 나라입니다. 인도는 세 번째입니다. 그런데 이 두 나라는 아무 제한 없이 이산화탄소를 배출할 수 있습니다.

그렇다면 이 문제를 어떻게 해결해야 할까요? 지금과 같은 지구 온난화 문제를 일으킨 것은 선진국입니다. 따라서 선진국이 먼저 자신들의 책임을 다하는 자세를 가져야 합니다. 선진국은 개발도상국들이 화석 연료를 적게 사용하고도 산업 발달을 이룰 수 있도록 자본과 기술을 지원해야 합니다. 예를 들어 선진국이 앞선 과학 기술로 태양열 발전이나 풍력 발전을 이용해서 전기를 생산하는 기술을 발전시키면, 개발도상국은 그 설비와 기술을 값싸게 이용할 수 있어야 합니다. 선진국의 책임 의식과 개발도상국의 환경 친화적인 기술을 이용하는 개발이 함께 어우러져야 지구 온난화 문제를 해결할 수 있습니다.

온실 기체 증가의 주범 중 하나인 자동차 문제는 대중교통 수단을 편리하게 이용할 수 있고 시내에서도 즐겁게 걸어 다닐 수 있는 도시를 건설하면 해결할 수 있습니다. 쾌적하고 신속한 대중교통 수단을 제공하면 사람들은 승용차보다 대중교통 수단을 이용할 것입니다.

태양광 자동차와 풍력 발전소 태양빛과 풍력을 이용하면 환경 오염 없이 에너지를 사용할 수 있다.

스위스에서는 산악 지방의 고개를 넘을 때 트럭을 기차에 싣고 갑니다. 이런 방법을 사용하는 데 주저할 이유가 없습니다. 그리고 일상생활에서 에너지를 절약하는 생활 습관을 익히면 대기 중으로 배출되는 온실 기체의 양을 줄일 수 있습니다.

오늘 할 수 있는 일을 내일로 미루는 어리석음을 저질러서는 안 됩니다. 에너지 사용을 줄일 수 있는 곳이 있다면 반드시 줄여야 합니다. 따뜻한 난방과 자동차가 주는 편리함에서 벗어나기가 그리 쉽지는 않을 것입니다. 하지만, 쾌적하고 신속한 대중교통 수단 마련, 철도 이용, 개발도상국의 에너지 절약형 경제 개발 지원 같은 결정을 과감하게 내려야 합니다.”

휴머니즘의 실현, 타인에 대한 배려

슬기의 말이 끝나자 경아가 다시 말했다.

“인간은 본질적으로 모두 평등합니다. 하지만, 개개인의 능력과 처한 환경은 모두 다릅니다. 그렇다면 어떻게 서로를 이해하고 배려해야 할까요? ‘역지사지(易地思之)’라는 말이 있습니다. 내가 다른 사람의 처지가 되어서 헤아려 본다는 뜻입니다. 자신의 경험을 토대로 미루어 헤아린 다음 다른 사람들에게 적용하여 실천하는 생활, 이것은 소박하지만 일상 생활에서 실천할 수 있는 정신입니다.

인간을 평등하게 존중하는 휴머니즘은 멀리 있지 않습니다. 가까이 있습니다. 실천하면 됩니다. 한 개의 사과를 두 사람이 공평하게 나누어 먹는 방법은 무엇일까요? 내가 둘로 나눈 다음 상대편이 고르게 하는 방법은 어떻습니까?

우리는 하나의 지구에 살고 있지만 하나의 세계는 아직 먼 것이 현실입니다. 하지만, 인간은 부끄러워할 줄 아는 존재입니다. 알지 못해 저질렀던 과거의 행동은 용서할 수 있습니다. 우리는 과거의 경험에서 배울 점이 분명히 있습니다. 우리에게는 그럴 능력도 있고 책임도 있습니다. 늦지 않았을 때 행동해야 합니다.

편리함을 추구하는 삶의 양식이 바뀌지 않는 한 지구는 더 이상 푸른 행성이 될 수 없습니다. 지구가 우리에게 베푼 만큼 이제는 우리가 지구를 위해 무엇인가 해야 할 차례가 아니겠습니까?”

경아의 말을 끝으로 모의 총회 발표자들이 모두 자리에서 일어섰다. 선생님은 환호성을 지르며 박수를 쳤다. 슬기네 반 학생들도 모두 일어나 박수를 쳤다.

은비와 지우는 과학 기술자와 온실 기체 감축 의무를 피하려는 국가에 보내는 편지를 교실 게시판에 붙여 놓았다. 기후 변화로 마실 물을 걱정하고 겨우 불을 밝히며 생활하는 사람들의 고통이 사라지기를 간절히 바라면서.

과학 기술자에게 보내는 희망의 메시지

오늘날 과학 기술은 눈부시게 발달하고 있습니다. 이 때문에 머지않아 과학 유토피아의 세상이 올 것이라고 말하는 사람들이 많습니다. 이들은 과학이 인구, 환경, 식량, 질병, 빈부 격차의 문제뿐만 아니라 죽음까지도 해결할 것처럼 생각합니다. 디지털 혁명이다, 유전자 혁명이다 하며 현실은 정말 빠르게 변하고 있습니다.

하지만 환경 문제는 그렇게 간단한 문제가 아닙니다. 우리 사회 여러 집단에서는 환경 문제를 같은 눈으로 보기도 하고 전혀 다른 눈으로 보기도 합니다. 어떤 순간에는 당장 싸움이라도 벌일 것 같은 험악한 분위기가 연출되기도 합니다. 이것은 환경이 우리 사회에서 그만큼 중요하다는 것을 말해 줍니다.

환경 문제를 다룰 때 찬성과 반대로 편을 갈라 마치 선과 악의 논쟁처럼 이끄는 일은 좋지 않습니다. 대립하는 감정의 골을 더욱 깊게 만들기 때문입니다. 그래서 보통 전문가의 의견을 참고하거나 과학적인 연구를 통해 환경 문제에 대한 신뢰할 만한 결론을 얻으려고 합니다. 그런데 과연 과학은 중립적일 수 있을까요? 예를 들어 정부 기관이나 어떤 기업으로부터 연구비를 지원받아 연구할 때 그 기관과 기업에서 원하는 것과 다른 결과를 내놓을 수 있을까요? 환경 문제 해결을 과학에만 맡겨서는 안 되는 이유를 여기에서 찾을 수 있습니다.

환경 문제는 생활의 문제입니다. 환경 문제를 과학에 맡기고 과학 기술로 모든 것을 해결할 수 있다고 믿는 낙관적인 태도는 비관적인 태도와 마찬가지로 위험합니다. 두 경우 모두 스스로 자신의 문제와 운명을 결정하는 것이 아니라 다른 누군가에게 떠넘기기 때문입니다.

과학은 모든 사람이 자연과 사회를 더 잘 이해할 수 있도록 도와주어야 합니다. 또 인류의 삶의 질을 높이고, 앞으로 태어날 인류를 위해 건강한 환경을 만드는 데 도움을 주어야 합니다. 21세기의 과학은 인류를 위한 과학, 자연을 위한 과학이어야 합니다.

환경 문제는 과학 기술이 발달한다고 자연스럽게 해결되는 문제가 아닙니다. 생명의 아름다움을 노래할 수 있는 세상을 만드는 과학 기술이 되길 바랍니다.

온실 기체 감축은 선택이 아닌 의무입니다

안녕하십니까? 우리는 대한민국 학생입니다. 귀국의 지구 온난화 정책에 대해 우리의 진실한 마음을 모아 이 글을 보냅니다.

귀국은 교토 의정서의 온실 기체 의무 감축량이 정확한 자료를 바탕으로 정해진 것이 아니라 정치적인 협상에 따라 정해진 것이며, 기후 변화의 원인에 대해 정확한 과학적 분석이 이루어지지 않았다고 주장합니다. 또, 중국 같은 국가가 온실 기체 감축에 대한 부담을 지지 않는 현실을 비판하고 있습니다. 이처럼 한편으로는 개발도상국도 온실 기체 감축에 대한 의무를 다해야 한다고 주장하고, 다른 한편으로는 온실 기체가 기후 온난화에 미치는 영향을 정확하게 알 수 없다며 교토 의정서를 지킬 수 없다고 선언했습니다.

오늘날 귀국이 세계 정치와 경제에 미치는 영향력은 그 어느 때보다도 큽니다. 귀국은 국제 사회에서 자국의 영향력을 무기로 삼을 것이 아니라 올바른 해결책을 찾도록 힘을 모으는 역할을 해야 합니다. 이산화탄소 배출량을 줄이면 경제가 정말 어려워질까요? 모든 것을 지금 그대로 둔 상태라면 그럴지도 모릅니다. 하지만 새로운 기술을 개발하고 생활 방법을 바꾸어 이산화탄소 배출량이 줄어들면 오염 때문에 잃었던 건강한 생태계를 되찾을 수 있습니다. 또, 석유의 수입량이 줄어들면 무역에서 이익을 얻을 수도 있습니다.

미래에 일어날 변화를 정확하게 예측하고 과거에 일어났던 일들을 반성하며 그에 따른 책임을 지는 자세, 그리고 현재 상황을 정확하게 살피는 자세가 필요합니다.

또한 환경 정책은 정보와 힘이 있는 과학자나 정치가만의 몫이 아니라는 것을 기억해야 합니다. 직접 영향을 받으면서 생활하는 국민 모두가 환경 정책에 참여해야 합니다.

우리는 지구 온난화에 대해 조사하는 과정에서 기후 변화가 이미 인류와 자연 환경에 엄청난 영향을 끼치고 있으며, 그 영향의 그늘에는 마실 물마저 걱정하며 살고 있는 가난한 나라 사람들이 있다는 불평등한 현실을 알게 되었습니다. 또한 세계는 에너지 효율을 높이고 재생 가능한 에너지를 개발함으로써 기후 변화를 막고 세계 모든 사람에게 공평하고 지속 가능한 에너지를 제공할 수 있는 힘이 있음을 확인했습니다.

우리는 귀국 정부가 하루 빨리 교토 의정서의 합의 정신을 되살려 온실 기체 배출량 감축 의무에 동참하고, 개발도상국에 대해 아낌없는 지원을 해 주기를 간절히 바랍니다.